无人机与反无人机典型战例

高喜俊
王志丽 / 主编

国防工业出版社

·北京·

内 容 简 介

　　本书聚焦局部战争与冲突中无人机与反无人机作战的典型战例，主要介绍了无人机侦察监视引导作战、综合打击作战、电子对抗作战、集群作战和反无人机作战等内容，旨在获得对无人机作战的运用启示，通过知战史、析战例，达到"借古鉴今"的目的，促进读者对无人机作战基础理论的认识和理解。

　　本书可作为高等院校无人机专业的教学用书，也可为无人机运用与研究的相关人员提供参考。由于编者水平有限，书中难免有疏漏和不当之处，敬请读者批评指正。

图书在版编目（CIP）数据

无人机与反无人机典型战例 / 高喜俊，王志丽主编 .

北京：国防工业出版社，2025. -- ISBN 978-7-118
-13555-8

Ⅰ. E926.399

中国国家版本馆 CIP 数据核字第 2025PQ0309 号

※

国防工业出版社 出版发行

（北京市海淀区紫竹院南路 23 号　邮政编码 100048）

雅迪云印（天津）科技有限公司印刷

新华书店经售

*

开本 710×1000　1/16　印张 11¼　字数 196 千字

2025 年 4 月第 1 版第 1 次印刷　印数 1—1500 册　定价 79.00 元

（本书如有印装错误，我社负责调换）

国防书店：（010）88540777　　书店传真：（010）88540776

发行业务：（010）88540717　　发行传真：（010）88540762

编审人员

主　审　阮拥军

审　定　苏立军

主　编　高喜俊　王志丽

副主编　胡永江　朱　宁

编　写　席雷平　赵　薇　杨　森

　　　　陈自力　李　婧　刘　玮

校　对　朱　宁

前　言

在解读战史和剖析战例中驾驭战争，是战斗力提升的重要支点。不读战史，无以知战；不研战例，无以胜战，身处百年未有之大变局，必须认识到战例研究对作战理论创新、实践运用革新的重要推动作用，在战例研究中不断寻求未来制胜之道。

近年来，随着高新技术的不断发展，无人机在近几场局部战争和武装冲突中崭露头角、大放异彩，已经从侦察监视的战场保障，发展为侦察打击的战场主力，从幕后走到了台前。只有细致研究无人机作战运用的经典战例，才能深刻理解无人机的作战模式及作战规律，才能透彻把握无人机灵活机动战略战术之内蕴，进而提高无人机部队的训练水平和战斗力，进一步在未来战场上创新运用无人机，掌握未来战场的主动权。

基于以上考虑，我们编写了本书。本书围绕 20 世纪 80 年代以来发生的多次局部战争和武装冲突，从背景介绍、过程还原、运用分析和作战启示四个方面进行了细致的梳理剖析，重点聚焦无人机侦监引导、综合打击、电子对抗和反无人机作战四种作战样式，对外军无人机在现代战争和局部冲突中的典型实战运用战例进行剖析，从而获得我军无人机作战运用启示，通过知战史、析战例，达到"外为中用"的目的。具体而言，第 1 章以伊拉克战争、俄乌冲突为着眼点，分析了无人机侦监引导打击作战过程及运用要点。第 2 章立足"狙杀"苏莱曼尼、纳卡冲突察打一体、胡塞武装集群攻击沙特油田、俄乌战场无人机自杀袭击和巴以冲突无人机投弹攻击阿瓦迪夫卡战役单兵无人机作战等战例，剖析了无人机综合打击作战样式及各自的运用要点，并形成相应的思考启示。第 3 章从贝卡谷地无人机诱饵初现，到车臣战争中无人机电子干扰，再到纳卡冲突中反辐射无人机作战，分析了无人机电子对抗作战模式及运用要点。第 4 章从跃杀"黑乌鸦"、捕获"RQ-170"、伏击"全球鹰"、挫败"无人机群"，梳理了反无人机作战过程，总结了反无人机作战手段和战法，并形成了思考启示。

本书可作为高等院校无人机专业的教学用书，也可为无人机运用研究的相关人员提供参考。由于无人机作为新兴作战力量，许多用法战法仍在不断创新发展，战例也在不断涌新，且所谓"兵者，诡道也"，未来战场态势不断变化，因此追求无人机作战运用的"道"并非是一成不变的，书中描述不当和欠缺之处在所难免，敬请专家和读者指正。

编　者

2025 年 3 月

目 录

第1章

无人机侦监引导作战

侦察监视是无人机战场运用最基本、最广泛的任务，无人机通过搭载光电、雷达、技侦等任务载荷，可对兵力部署、阵地构筑、指挥中枢、火力配系、行动企图等战场情况进行全天候侦察，可在超视距火力打击、目标伪装或地形、云层遮蔽等情况下，为激光末制导炮弹、火箭弹和机载导弹等进行目标指示并实时反馈打击效果，为实施精确打击评估提供保障。本章着眼伊拉克战争中美军"全球鹰"侦察监视作战、俄乌冲突中无人机引导打击作战运用效果，形成作战启示。

1.1 伊拉克战争美"全球鹰"无人机运用

2003 年 3 月 20 日至 2003 年 5 月 1 日的伊拉克战争，是 21 世纪初一场大规模的高技术局部战争。这场战争中，美国在传统作战领域攻击行动并无可圈可点之处，但在新型作战领域美国对伊拉克展开系列攻势行动，形成了对伊拉克全方位、多领域的作战优势，战争形态呈现出许多信息化战争特征。

1.1.1 背景介绍

美国"9·11"恐怖袭击事件发生后，总统布什宣布向恐怖主义作战，并将伊拉克等多个国家列入"邪恶轴心国"。美国大肆渲染伊萨达姆政权与恐怖组织的联系，并坚称伊拉克拥有大规模杀伤性武器，对美国安全构成威胁。美国发动伊拉克战争的借口是：萨达姆实行独裁专制；伊拉克支持恐怖主义；伊拉克拥有大规模杀伤性武器，因此其直接目的是推翻萨达姆政权。"9·11"

1

恐怖袭击事件后,伊拉克是唯一在反恐问题上与美国唱反调的国家。布什政府认为,必须推翻伊拉克现政府,建立亲美的伊拉克政权,逐步推行美国所谓的民主制度和价值观念,在此基础上彻底解决恐怖主义问题,同时也是为了能够融合伊斯兰世界,重塑中东政治版图,并扼控中东地缘枢纽,强化在欧亚大陆的地缘政治优势。深层目的则是攫取伊石油资源,美国对中东石油依赖度为20%,伊拉克是中东五大产油国之一,美国掌握了伊拉克的石油资源,就可以打破欧佩克组织对石油价格的控制,降低油价,振兴美国经济,进而保持对全球经济的影响力。

1. 作战企图

1)美军企图

首先,美军运用"先发制人"的理论,蓄意发动一场侵略战争;其次,按照"快速决定性作战"新思想,集中决定性优势力量,展开一系列快速决定性作战行动,震慑并迅速击败伊军,占领整个伊拉克。这些行动主要包含"狙杀"突击、"震慑"行动、地面部队快速推进、合围巴格达等;最后也是借此次战争进一步检验其武器装备性能,充分利用实战进行新型作战力量的作战实验。众所周知,美军历来都把战场作为新式武器的实验场,只有将装备充分运用于实战检验才能更加精确把握其作战效能,这也是"全球鹰"无人机走上本次战争舞台中央的重要原因之一。

2)伊军企图

伊拉克确定的战略目标是:依托本土优势,全民动员,持久抗击,将敌军拖入持久作战之中,挫败其速战速决企图,争取国际社会干预,保住伊拉克政权。为达成这个目标,伊军确立的作战企图是:依托城镇,分区防御,军民结合,防反并举,活用战法,持久制敌。为贯彻这一作战企图,伊军将主要兵力集中部署在大中城镇及其周围,建立起以城镇为要点的防御体系,分区组织防御,开展全民抗战,适时组织反击,迟滞和消耗敌军力量。从这里我们可以看到伊军主要是分布式作战,作战力量分布地域面宽、点多、动态性强,这将给美军侦察造成很大困扰。因此,美军也迫切需要一款高空战略型侦察机实现全面侦察,而有人机受限于人的疲劳难以全天候动态侦察,因此"全球鹰"无人机更加适合担任这项任务,这也是"全球鹰"无人机被启用的另一个重要原因,可以说"全球鹰"无人机是"应需而战"。

2. 作战部署

1)美军部署

以美、英为首的联军部队在海湾地区集结的兵力近30万人、1000多架飞机、130余艘舰船、1100余辆坦克(美军1000辆、英军116辆)、700余辆装甲战斗车、210 余门火炮，预置和输送了上百万吨作战和保障物资。联军兵力部署的特点是分散部署，集中使用，空地一体，迂回机动，南北对进，直取首都。具体呈三线部署态势：第一线是前沿部署，包括在科威特、巴林、卡塔尔、阿联酋、阿曼、沙特、也门、土耳其部署的兵力；第二线是海上部署，美军 3 个航母编队部署在波斯湾，2 个航母编队部署在地中海、红海，还有英国皇家海军、澳大利亚皇家海军的海军特遣部队；第三线是外线部署，包括英国的费尔福德空军基地、印度洋迪戈加西亚基地等。

　　"全球鹰"无人机（如图 1-1 所示）是美军部署在伊拉克战场的关键高空侦察装备，机身长 13.5m，高 4.62m，翼展 35.4m。"全球鹰"无人机双翼直挺，身躯庞大，巨大的翼展胜过波音 747 飞机，最大起飞重量为 11622kg，自主飞行时间长达 41h，可以完成洲际飞行，可在距发射区 5556km 的范围内活动，可在目标区上空 18288m 处停留 24h，而 U-2 侦察机在目标上空仅能停留 10h。"全球鹰"无人机安装有光电、红外传感器系统和合成孔径雷达等传感器，合成孔径雷达获取的条幅式侦察照片的精度为 1m，定点侦察照片的精度为 0.3m，在 20km 的高空，能够清晰地分辨出地面汽车轮胎的齿纹，对以 20～200km/h 运动的地面移动目标的精度为 7m。在一次任务飞行中，"全球鹰"无人机既可进行大范围雷达搜索，又可提供 74000km² 范围内的目标光电/红外图像，合成孔径雷达能在 20000m 的高度穿透云雨等障碍，连续监视运动目标，准确识别地面各种飞机、导弹和车辆的类型，故当时被誉为"大气层侦察卫星"。即使在不利的气候条件下，"全球鹰"也能提供高质量的目标侦察图像，获取 2km² 范围内的图像仅需要 10s，3min 内能捕获 20 个目标。

图 1-1 "全球鹰"无人机

"全球鹰"更先进的优点是：它能与当时的联合部署智能支援系统（JDISS）和全球指挥控制系统（GCCS）联结，图像能直接而实时地传送给指挥官使用，用于指示目标、预警、快速攻击与再攻击、战斗评估。它可以适应陆海空军不同的通信控制系统，既可进行宽带卫星通信，又可进行视距数据传输通信。

"全球鹰"虽然一跃成为美军的新宠，但它也有一些美中不足：飞行速度只有644km/h，难以逃脱高速战斗机的追击。尽管采用了隐身技术，但喷气发动机工作时仍会产生一定的红外辐射信号，难免会留有"尾巴"。正因如此，"全球鹰"配备了多种防身装备，一旦敌方发射导弹，机载探测装置可以马上发现，并发射红外诱饵弹进行干扰。

在阿富汗战争中，"全球鹰"无人机执行了50次作战任务，累计飞行1000h，提供了15000多张敌军目标情报、监视和侦察图像，还为低空飞行的"捕食者"无人机指示目标。但由于在阿富汗战争中，美军损失了两架"全球鹰"，致使该型无人机的库存数量更加吃紧，伊拉克战争中美军现有4架该型无人机中有2架被投入使用。"全球鹰"的RQ-4A样机，属于国防部的一项先期概念技术演示项目，这也进一步充分表明美军善于在实战中进行装备的作战试验，充分检验装备的作战效能。

2）伊军部署

伊军现役部队共约38.9万人。其中陆军约35万人，空军2万人，防空军1.7万人，海军2000人。预备役部队（人民军）65万人。准军事部队（边防和保安部队）2.4万人。陆军的35万人编成7个军、23个师和一些独立旅，主要装备有2200~2600辆主战坦克、约3700辆装甲车、2400门主要火炮和164架直升机。伊军地面部队采取集团式部署，分为伊北集团、伊东集团、伊南集团、共和国卫队。空军300余架战机部署在伊拉克近20个空军基地。防空部队装备有高炮3000余门、低空导弹850枚，部署在战略目标周围。海军有小型作战舰艇9艘和若干岸对舰导弹，部署在伊拉克南部近岸和近海海域。伊军兵力部署的总体特点是北重南轻，东密西空。

针对"全球鹰"无人机，伊军部署了具有威胁的防空系统。海湾战争后，伊拉克防空司令部从空军中分离出来，这也是对防空系统更加重视的举措。伊拉克防空司令部的兵力约有1.7万人，半地下的防空司令部位于靠近巴格达的曼苏尔地区的穆萨拉机场。与4个防空中心相联：巴士拉（南部）、拉马迪（西部）、基尔库克（北部）和库特（东部），每个中心协调着区域内的一系列防空站点。为了击落对伊拉克巡视的美国飞机，地对空导弹被看作是实现这一目标的最佳手段。外界估计伊拉克防空军司令部的导弹力量包括 20~30 个拥有 100 个发射单位的 SA-2 导弹旅，25~50 个拥有 140 个发射单位的 SA-3 导弹旅，36~55 个拥有 100 多个发射单位的 SA-6 导弹旅，以及 "罗兰" 地对空导弹、高射炮和由西方及苏联分别设计的雷达混编系统。这些系统是在一个被称为 "KARY" 的指挥、控制和通信系统的基础上发展起来的。

在海湾战争期间，这一系统遭到了严重破坏，战后该系统得到了一定的恢复。伊拉克现有的防空系统主要是一个以 "萨姆" 等型号的地空导弹和高炮组成的防空网，"萨姆" -2 导弹（如图 1-2 所示）是苏联研制并大量出口的一种半固定式、对付中、高空目标的全天候中程防空导弹，主要用于要地和国土防空。射程为 12~30km，射高为 30km。据报道，海湾战争中伊拉克对多国部队都发射过这种导弹。在越南战争中，越南使用这种导弹击落过不少美国作战飞机。但这种导弹易受电磁干扰，命中率较低。

图 1-2 "萨姆" -2 导弹

"萨姆" -6 导弹（如图 1-3 所示）是一种机动式全天候近程防空导弹武器系统，主要用于攻击中、低空亚声速和跨声速飞机。

该导弹射程为 5~25km，射高为 0.06~10km。伊拉克装备了这种导弹。在海湾战争中，美国及多国部队首次偷袭伊拉克所损失的两架飞机，很可能就是被伊拉克的这种导弹击中的。该导弹曾因在第四次中东战争中击落了大量以色列飞机而名噪一时，但战后以色列对这种导弹进行了分析研究，并采取了相应的对抗措施。1982 年 6 月，以色列在空袭贝卡谷地的作战中，一举全歼叙利亚 15 个 "萨姆" -6 导弹营，引起各国关注。

图 1-3　"萨姆"-6 导弹

　　"萨姆"-8 导弹（如图 1-4 所示）是一种全天候低空导弹近程防空导弹武器系统，适用于野战防空，由苏联研制，苏联境内曾部署 1400 枚。该导弹射程为 1.5km，射高为 0.05~6km。伊拉克装备有这种导弹。在海湾战争中，伊军"萨姆"-8 对多国部队的作战飞机构成一定威胁，"萨姆"-8 导弹是当今世界上较为先进的一种防低空目标的导弹，其抗干扰能力较强，机动性较好。

图 1-4　"萨姆"-8 导弹

　　伊拉克还拥有大量的单兵肩扛的红外制导防空导弹。此外，伊拉克现还约有高炮 7000 门，包括 23mm、37mm、57mm、85mm、100mm、130mm 炮等。这些高射炮虽不能打击高空目标，但由于其不受电磁干扰等特性影响，在中低空反空袭中仍可发挥重要作用。

1991 年海湾战争结束以后，美国继续在伊拉克周边地区保留强大军事力量，并强行在伊拉克境内划定了北纬 36°以北和 32°以南两块"禁飞区"。

自"禁飞区"设立后，美军长期对此区域进行巡逻，也经常借机对此区域进行轰炸，一直保持对伊拉克的军事高压态势，因此其防空力量进一步被削弱。美军在其境内"禁飞区"执行巡逻及空袭任务的有人飞机还没有被打下来过，但伊拉克军方发言人宣布，伊拉克防空部队多次击落或迫降美军无人驾驶侦察机，其中，美国 RQ-1B "捕猎者"式无人驾驶侦察机就被击落过。

伊拉克的主要防空雷达为 SDA-G 陆基防空雷达，可用于低空侦察和目标识别，并与陆基传感器结合，作为防空武器目标指引系统；A 波段的 408-C 雷达可覆盖远距离空域；三维 JY-8 雷达或机动性 JY-8A 雷达可用于中程防空；MPDR-16 雷达（D 波段）与"罗兰德"目标跟踪雷达（J 波段）和"多米诺"-30 导弹控制雷达（D 波段）联合作为"罗兰德"导弹系统的目标定位雷达。在海湾战争前，伊拉克防空雷达系统主要从苏联进口，而且进口的都不是最先进的防空雷达，相对较老，甚至主要是第一代和第二代。此外伊拉克还从法国进口了不少雷达系统，这些雷达构成了伊拉克的防空网，但这些雷达主要用于低空防御。经过海湾战争的 38 天空袭，这些雷达也损失较多，而且伊拉克战争期间，联军空中武器装备基本处于三代和四代，这些武器的先进性使雷达系统很难发挥作用，但伊拉克宣称他们自己研制装备了大量新型雷达，还从国外获得了反卫星制导武器技术，可使美军卫星制导装备难以发挥作用。伊拉克防空军司令曾公开表示，伊反空袭技术已取得实质性进步，成功挫败了"哈姆"反辐射导弹。然而，开战 3 天，伊拉克防空部队却表现平平。

总体来看，伊拉克的防空体系虽然会发挥一些作用，但要想担当起伊拉克国土防空和抗击美英空袭的重任仍然有些困难。

1.1.2　过程还原

伊拉克战争于 2003 年 3 月 20 日正式爆发，至 4 月 15 日美军占领提克里特，大规模作战持续时间 27 天。这场战争可以分为斩首突击、震慑闪击、攻城夺要、搜剿稳定四个阶段。本节结合作战进程，对"全球鹰"无人机运用进行描述。

1. 斩首突击

3 月 20 日 5 时 35 分，美国海、空军使用巡航导弹和隐形战斗机，以 80%

的空袭火力，集中打击萨达姆及其军政要员、战略战役指挥机构和共和国卫队等重要目标，并把萨达姆作为"定点清除"首要目标，一旦发现立即组织火力"斩首"。此次"斩首"行动是典型的"小行动、大支撑"，充分显示了信息化条件下体系作战的特点。

在这一阶段中，"全球鹰"无人机的主要作战行动有：战前广侦隐察、战场久监绘势、要目搜索监控。

1）战前广侦隐察

对敌方实施侦察，既要充分掌握与其相关的各种情报，又要随时捕捉瞬息万变的实时信息。因此，为了达到"斩首"作战目的，在战前利用"全球鹰"无人机高空高精度侦察优点且难以被伊军击落的特性，展开了有针对性的广泛侦察，充分掌握了大量目标建筑等情报信息，确保远程精确打击力量得以聚焦至目标宅邸。

2）战场久监绘势

为了给后续作战行动提供更多确切情报保障，美军利用"全球鹰"无人机展开长航时昼夜不间断侦察，多次对伊拉克军事部署、战略要地进行长期监测，为后方提供大量伊军战前动态信息，为美军掌握伊军整个战场态势提供大量、可靠的情报支撑。

3）要目搜索监控

为了密切配合"斩首"行动，"全球鹰"无人机也持续担负打击要目搜索监控任务，确保及时发现目标配属相关车辆、武器装备等力量部署动态，从而为目标确认提供侧面情报依据。

在整个"斩首"行动作战阶段，可以预见"全球鹰"无人机的活动范围并不是很广，并未深入伊拉克腹地。因为此时为战争初期，并不能有效确保其安全活动区域，且前期美军无人机有被伊军击落或迫降的经历，考虑到"全球鹰"无人机造价相对高昂，实际上美军当时也是硕果仅存，更多活动范围在南北禁飞区，且使用的侦察载荷主要是合成孔径雷达。

2. 震慑闪击

"震慑行动"是美军在伊拉克战争中运用"震慑"作战力量的首次实践，突出反映了美军在信息化条件下，企图通过强大的军事和心理攻势等震慑行动，瓦解对方的抵抗意志，实现"不战而胜"的最高作战理念，从而改变以"消灭敌人有生力量和攻城略地"为目的的传统作战思想。这期间，也是"全球鹰"无人机广泛发挥作用的阶段。"全球鹰"在执行任务时有目标列表，目标数量通常超过450个，经常出现的目标有弹道导弹设施、弹药储存设施、雷达站、警察局、高速公路等。通常还会有一些额外的、"即兴"的临时任务。联合空战中心（CAOC）经常发出快速反应命令，如迅速支援陷入交火状态的地面部队士兵，或者计划一次突袭。指令发出后，比尔基地的指挥控制人员就立即重新调整"全球鹰"的任务。"全球鹰"执行临时任务被称为"偏离黑线"。"黑线"是指"全球鹰"任务控制站数字地图屏幕中出现的无人机飞行路线，往往会随着反复侦察而呈现 Z 字形的变化。这些"黑线"仅仅是初始的任务，由于突然插入的"即兴"任务指令很多，"黑线"能够按照既定的飞行路线完成任务的次数简直少之又少。下面列举在巴卡拉作战前沿"全球鹰"无人机典型运用过程：

1）突袭失利

2003 年 3 月 23 日，美军第 11 航空团 3 个武装直升机营抵达巴卡拉作战前沿基地，对伊拉克共和国卫队中最精锐的麦地那师（6 个机械化师中最顽强的装备有 270 辆 T-72 坦克、250 辆装甲运兵车、60 门火炮、SA-14、SA-16 防空导弹，3 个装甲旅和 1 个步兵旅）第 2 装甲旅进行打击，加速作战进程。

3 月 24 日凌晨，利用空军闲置空袭"时窗"期发动战术突击。由于对麦地那师缺乏有效的战前侦察，情报获悉相对较少，只是知道其大概位置，美军 2 个直升营共 32 架满载火箭弹和反坦克导弹的 AH-64D 武装直升机，从作战基地出发（抵达幼发拉底河后，沿河向正东方向飞行约 50km），但到达作战地域前沿（穆斯塔法村），气候开始恶化，公路上还有被炸毁车辆燃烧引起的浓烟，能见度降至几十米，美军直升机采用电视和前视红外观测，并降低飞行，超低空飞行（飞行高度 15m）躲避伊拉克雷达搜索，本以为越过村庄，直接将大量弹药投放到伊军阵地上，就可以结束战斗。然而，美军直升机在飞至城市上空时，原本漆黑一片的村庄顿时灯火通明，机群遭遇密集地面火力攻击（麦地那师和手持 AK-47 自动步枪的平民），直升机飞行员根本看不清目标具体位置，3h 后，阿帕奇直升机群才突破重围，30 架直升机狼狈返回基地，27 架严重损坏，丧失战斗力。

2）情报侦察

2003 年 3 月 26 日，清晨 6 点，"全球鹰"无人机飞行 8h 到达伊拉克巴卡拉战场，侦察数据信息直接通过卫星回传到美军内华达州的里诺空军国民警卫队基地，由 152 情报中队进行下载分析。情报中队经过与 E8 飞机连续 8h 测定，发现麦地那师第 14 旅正企图向南转移，及时将该师动向和部署情况报告给美军前沿指挥部。

3）重磅出击

3 月 27 日，美军第 101 空降师根据"全球鹰"情报，吸取教训，重新进行作战部署并上报作战计划。

3月28日，计划获批，行动代号"使命搜索"。参战部队主要是该师101航空大队的第一中队和第二中队，共40架新款AH-64D"长弓"阿帕奇直升机，第三中队装备旧款AH-64"阿帕奇"作为预备队。战术是：第二中队先由南翼正面佯攻，遇到火力阻击时，迅速佯败，转而由战区支援的中高空飞机实时攻击，而第一中队从城西北方向迂回，再向南进攻14旅背后。

3月28日晚20点30分，40架满负荷"长弓"阿帕奇直升机从纳杰夫基地起飞，当距离目标还有4min航程时，美军地面部队根据"全球鹰"先期目标情报，采用M-270火箭炮对敌进行精确压制，直升机群则趁乱接近目标实施打击。"全球鹰"无人机目标引导高空巡弋的A-10攻击机和F-16战斗机对快速出现的目标实施打击，第一中队后退至城区外4英里①处，利用"长弓"雷达引导发射"海尔法"Ⅲ型导弹，随后第二中队也到达作战地域，发动攻击。

3月28日晚22点，结束战斗，伊军14旅12辆坦克和装甲车、11门高射炮、3门榴弹炮和20辆各类车辆被毁。

3. 攻城夺要

开战之初，美英联军为了迅速达成对巴格达的合围部署，在地面进攻中，对沿途的巴士拉、纳西里耶、纳杰夫、卡尔巴拉、库特等城市只是控制周围道路，没有夺占城市。进入4月以后，美英联军在伊全线展开城市作战，并在较短的时间内控制了沿途主要城镇。在城市作战中，重视运用信息化作战理论，以空、地、海、天、电和特种部队一体化的作战手段，有效依托"全球鹰"无人机的情报保障，创造了新的城市作战模式（力图避开巷战，除有计划攻击外，借助"全球鹰"无人机的情报保障，采用空中打击进行实时精确打击）。"全球鹰"无人机主要行动包括：城区侦察监视、要点毁伤评估。

1）城区侦察监视

"全球鹰"加强城区内外敌情侦察，重点对城市外围的交通要道反复巡查，全面详细掌握市区防御部署情况，及时对市区增援伊军严密监控，重点守监城内伊军和安全部队外逃态势（美军发起的对纳杰夫的攻击行动中，在"全球鹰"数小时前才拍摄的大量目标情报支援下，20min之内就可以确定目标的经纬度，A-10"雷电"对地攻击机和"阿帕奇"攻击直升机对纳杰夫城内的"萨达姆敢死队"实施了长时间的定点打击，这大幅度提高了精确打击能力）。

---

① 1英里 = 1609.34米。

2）要点毁伤评估

"全球鹰"无人机持续对城区作战区域的目标打击情况进行毁伤评估。在执行简易爆炸装置预先引爆任务时，"全球鹰"无人机用来在引爆前后分别拍摄爆炸地点的照片。一般先由装有辐射装置的特种飞机沿公路飞行引爆沿途的简易爆炸装置，随后出动"全球鹰"对爆炸后的地区进行拍照，并追踪可疑人员。"全球鹰"无人机还可以沿公路侦察通过照片确定路边一些可疑土堆（简易爆炸装置可能的埋藏地）的位置，以帮助地面巡逻部队制定巡逻路线。

4. 搜剿稳定

巴格达之战结束后，美英联军随即在伊全境展开搜索清剿行动，大力搜捕伊军政要员、消灭各种反美武装、收缴民间散落的武器等。一些反美力量即转入地下，以游击战和恐怖活动袭击美英联军，破坏伊拉克的战后重建。搜索清剿行动的效果很大程度上依赖于情报工作的准确性大力加强在伊拉克的情报活动，以确保搜索清剿行动的顺利进行，因此"全球鹰"无人机在此阶段持续发力，发挥重要作用，主要行动包括：边境巡查监视、订单任务确认。

1）边境巡查监视

自战事爆发以来，"全球鹰"无人机已经在伊拉克完成了大量的边境巡逻任务，该行动中"全球鹰"协助在边境作战搜索疑似运送反美武装分子及其武器的运输卡车，由于天气不好，先使用合成孔径雷达以穿透厚厚的云层发现地面物体。操作人员能够多次扫描同一目标，如在天气不佳时先用合成孔径雷达拍摄一次，天气放晴后，再用光电/红外相机拍摄一次。不久，操作人员从发回的照片中发现了长长的运输卡车队，它们正搭载着可疑人员穿过边境进入伊拉克，图像分析专家还通过照片辨认出了卡车的种类。

2）订单任务确认行动

主要是针对即时需求展开任务作业。典型的 2 次"即兴"指令：第一次是地面部队在摩苏尔附近，发现了反美武装的踪迹，需要"全球鹰"在天黑前对一座桥梁拍摄 8 张照片，加以验证；第二次是在晚 8 点左右，要拍摄巴格达空军基地以北 10 英里的地区，那里发生了狙击事件，需要"全球鹰"协助缩小搜索范围。

1.1.3 运用分析

综合整个伊拉克战争期间，"全球鹰"无人机的侦察作战效果显著。

1. 侦察作战效能

1）目标侦察

"全球鹰"无人机执行侦察任务 15 次，提供了 4800 多张图片（占美军战争中空中侦察所获得图片的 3%），产生了用于摧毁伊拉克防空导弹部队的 55% 的数据信息，在美空军所进行的 452 次情报、监视与侦察行动中，全球鹰的任务完成率为 5%；操作人员能够多次扫描同一目标。如在天气不佳时先用合成孔径雷达拍摄一次，天气放晴后再用光电/红外相机拍摄一次。反复飞行同样的路线去重复拍摄一个目标。对于 U-2 侦察机来说就很难办到，因为飞行员的在岗时间有限。

2）引导打击

在"全球鹰"无人机的引导下，摧毁了伊拉克 13 个地对空导弹连、50 个地对空导弹发射器、70 辆地对空导弹运输车、300 个地对空导弹箱、40 个防空连和 300 辆坦克（被摧毁的坦克占伊拉克已知坦克总数的 38%）；伊拉克战场上"全球鹰"无人机不但提供大量的侦察情报给指挥员进行决策，还能够直接与其他作战单元进行协同作战，发挥不可替代作用。

2. 侦察作战效能保障

1）生存性是发挥无人机作战效能的前提

"全球鹰"无人机一方面具备高空作战优势，可以有效避开伊拉克普遍的中低空探测和打击武器的威胁；另一方面，自身配有多种防御装备，如面临打击可发射红外诱饵弹进行干扰，甚至还针对雷达侦察携带了电子干扰诱饵箔条实施干扰。因此，可靠的战场生存能力是"全球鹰"无人机发挥作战效能的前提。

2）无人多源侦察是实现作战效能的资本

"全球鹰"无人机配备了可见光、红外、合成孔径雷达等多种载荷，可以针对同一目标或作战区域多源印证核查，为提供精确有效的情报奠定基础。如操作人员能够多次扫描同一目标，如在天气不佳时先用合成孔径雷达拍摄一次，天气放晴后再用光电/红外相机拍摄一次。反复飞同样的路线去重复拍摄一个目标，对于 U-2 侦察机来说就很难办到，因为飞行员的在岗时间有限。因此"全球鹰"能够采用多源交互侦察是实现作战效能的资本。

3）高效情报处理是提高作战效能的支撑

"全球鹰"拍摄到的图片先分成若干块，打包后用电子邮件发送，最后再"缝合"成一幅大照片。"全球鹰"所搜集到的数据信息直接上传到了卫星上，而没有经过任何地面站中转，所搜集的信息在内华达州的里诺被下载分析。虽然在图片与图片的"缝合"处会有一些影像重叠，但有办法处理。"分布式通用地面站"的专家一般需要 15~20min 对高分辨图像进行解析，在这期间还可浏览一些较低分辨率的图片，以确定拍照的内容是否有用。未经处理的原始图片在 5min 内贴到保密的军网上供相关人员参考。地面控制人员通过一个机密的军事在线聊天室，与联合空战中心官员共享"全球鹰"的信息，包括飞机的准确位置和关键任务的执行情况。因此，"全球鹰"无人机依靠其快速的情报处理分析，为完成大量的临时或紧急任务提供重要保障，并且能够及时将情报信息反馈给前线作战单位。

4）融入体系运用是达成作战效能的核心

伊拉克战场上，"全球鹰"无人机不但提供大量的侦察情报给指挥员进行决策，同时能够直接与其他作战单元进行协同作战，发挥不可替代作用。从最终的作战结果数据，可以看出，有限的侦察次数却为美军提供了"广泛的作战能力"，这充分表露出其对整个作战体系的支撑能力强、融入程度高、使用价值大，这也是其作战效能能够得以展现的核心。反过来看，如果其融不到作战体系中，那其侦察的情报也将一无是处。

1.1.4 作战启示

在伊拉克战争中，美军部署的无人机配合空中的 50 多颗军用卫星和征用的多颗商业卫星，以及 E-3、E-8 预警机，形成了空天地一体的全维信息优势。这场战争实现了全天候的侦察，对伊拉克军事部署及调动情况一览无余，从而使美军各级都能适时掌握第一手情报。这场战争对于我军的无人机发展方向也有一定的借鉴作用。

1. 优选载荷提高环境匹配度

（1）气象条件容许，时效性要求大于精度要求条件下，优先使用可见光电视侦察设备；

（2）气象条件容许，精度要求大于时效性要求条件下，优先使用照相侦察设备；

（3）夜间、黎明、黄昏光照条件较差条件下，优先使用红外电视侦察设备；

（4）远距离侦察、批量目标侦察、动目标侦察，或透雾条件下侦察，优先使用雷达侦察设备。

2. 动态规划提高任务实时性

现代作战，战场态势变化快、对抗激烈、时间概念尤为突出、战机稍纵即逝，对无人机情报保障也提出了更高的要求。不仅要保证战场情报的首轮高效获取，而且要持续不间断地提供情报保障支持，以确保战场态势的及时把控。

在线路径规划，就是根据战场环境、任务、威胁源的变化实时动态规划航线。在战时，在线路径规划具有重要意义。

首先，在作战过程中，由于高炮阵地、防空火力等威胁，还有各种作战任务的变化，因此无人机初始规划航线不能完全满足安全、侦察的需求，需根据临时变化的战场条件多次重新规划航线。人工手动规划航线耗时长、效率低，在紧急情况下易出错。若能由地面站根据威胁源、作战任务变化在线自动规划航线，再由飞控手确认，将提高效率。

其次，多种型号无人机作战使用时，多架次无人机在某一区域同时执行任务，存在区分任务和航线规划问题，传统的人工作业模式不仅作业效率低，而且难以全面考虑战场环境。如果能有一个集中的无人机航线规划终端，根据战场态势变化，实时更新航线，并发送至各无人机地面站，将极大地提高飞行安全和侦察效率。

在线路径规划的方法有两种：

一种是以无人机地面站为核心的在线路径规划方法。适用于单架无人机执行侦察任务，在线规划可以无人机地面站为规划中心。该方法的优点在于：路径规划在无人机系统内完成，无需额外增加人员和设备，减少了与情报部门间的通信，节省了通信资源。缺点在于：情报部门按照预先约定内容和方式传输战场环境信息，适时发送相关信息，无人机地面控制站不能实时获取全面的信息，战场环境约束信息实时性不强。

另一种是协同体制下的无人机在线路径规划使用方法。适用于多架无人机的在线路径规划，需要提供一个协同终端才能实现。该方法的优点在于：协同控制终端独立于无人机系统，接收作战任务、战场环境和无人机飞行信息后，独立完成航线规划，可实现作战区域所有信息的共享，完成多架无人机在线或离线路径规划，提高了信息利用效率。

3. 细辨精判提高情报利用率

侦察无人机配备有多种任务载荷，对于进行战场综合态势分析、打击目标指示具有重要意义。目前，受限于目标库的建设情况、图像融合处理及目标判断的技术水平，如何进一步提高无人机获取多源情报信息的利用率，以及如何拓展情报信息的共享范围，尚需针对性开展战技术运用研究。

4. 灵活机动提高平台生存力

根据可能的敌情、我情变化，在预定作战任务提前达成、推迟达成、无法达成等情况下，预先制定无人机装备是否提前撤出作战、继续实施作战和放弃作战的原则和措施。

应综合运用多种战技术手段，加强无人机阵地伪装防护、隐真示假能力，以及空中飞行平台抗敌侦察打击能力，确保无人机阵地安全和空中平台飞行安全。

1.2　从俄乌冲突看无人机引导打击作战

俄乌战场是继 2020 年纳卡冲突后又一次体现无人机高强度、高密度攻防综合对抗的现代战场，冲突双方使用多种型号无人机执行情报监侦、目标指示等多样化作战任务，因此，为提高火炮、迫击炮等粗放型火力打击精度和效果，利用无人机引导炮兵实现精确打击也是俄乌战场普遍运用的一种作战样式。本节简要总结俄乌冲突发生的背景，根据开源情报信息梳理了双方参战的主要无人机引导打击作战运用情况，针对运用模式、运用特点、作战效能等方面进行分析总结，从而形成对作战运用的思考启示。

1.2.1　背景介绍

1. 作战背景

2014 年的克里米亚危机之后，克里米亚半岛宣布并入俄罗斯，同时乌克兰东部的顿巴斯地区出现了两个由分离主义控制的独立政治实体——"顿涅茨克人民共和国"和"卢甘斯克人民共和国"。事实上，整场危机已经演变成乌克兰和俄罗斯之间的局部战争。2014 年 9 月 5 日，在德俄两国的调停下，交战双方签署了实现临时停火、撤出外籍武装人员、承认分裂地区部分自治的《明斯克议定书》（明斯克协议）。

2019 年泽连斯基当选乌克兰总统后，撕毁"明斯克协议"，寻求加入北约，此举触动了俄罗斯的战略安全底线以及核心利益，俄乌地区局势持续升温。2 月 17 日，乌克兰东部地区局势恶化，乌克兰政府和当地民间武装组织发动挑衅性炮击。次日，乌克兰东部民间武装宣布，因存在乌克兰发起军事行动的危险，即日起向俄罗斯大规模集中疏散当地居民。2 月 21 日晚，普京签署命令，承认乌克兰东部的"顿涅茨克人民共和国"和"卢甘斯克人民共和国"。当地时间 2 月 23 日深夜，俄罗斯军队从乌克兰东部、北部和黑海方向，分三路对乌克兰发起突然袭击。2 月 24 日，乌克兰管理部门宣布关闭全国领空，乌克兰总统泽连斯基表示，乌克兰全境将进入战时状态，宣布与俄罗斯断交。当日，俄军开始对乌克兰东部部队和其他地区的军事指挥中心、机场进行炮击，乌克兰国民卫队司令部被摧毁。俄军在首轮打击中使用精确制导弹药对乌克兰防空系统、雷达站、机场等重要军事目标实施打击，通过空中、空降突击以及地面突贯等作战样式试图攻占乌克兰主要城市，但并未取得"闪电战"作战效果。此后，双方围绕城市和主要交通要道展开持久、反复争夺作战。

2. 无人机力量

冲突爆发以来，俄乌双方频繁将无人机装备投入战场，俄乌战场的无人机装备在侦察监视、目标指示、精确打击、电子战、认知战、舆论战等方面发挥了显著效果，对研究现代化无人战争具有重要参考价值。通过情报信息，初步研判俄乌双方在本次冲突投入超2万架无人机，以中小型侦察、察打一体无人机为主，参战规模较大、种类较多。

1）俄军部署

2012—2020年，俄无人机部（分）队从3支迅速发展到53支，无人机从约100架增至2000架，其中，陆军师旅级编有无人机连；海军各舰队、空天军航空兵师编有无人机大队；空降兵突击旅（第31、第83旅）、空降师（第98师）编有无人机连（排）；战略火箭军部队近卫导弹师编有无人机分队；在克里米亚、阿布哈兹、亚美尼亚和加里宁格勒部署有无人机分队。编配有"海雕"（Orlan-10）、"副翼"（Eleron-3）、"前哨"（Forpost）、"猎户座"（Orion-E）等10余种无人机，可遂行战场监视、侦察校射、电子侦扰、目标指示、空中打击、自杀袭击和毁伤评估等任务。

此次冲突中，俄军大力运用"海雕""副翼"和"前哨"-R等侦察无人机，实时提供战场态势，引导近距火力、远程火力实施精准打击；运用"前哨"-M、"猎户座"等察打无人机，即时对时敏要害目标进行精确摧毁。其中，能够遂行侦察引导作战的典型无人机有：

（1）"海雕"（Orlan-10）无人机。

功能用途："海雕"无人机（如图1-5所示）能在极寒条件下工作，可执行边境监视、海岸巡逻等任务，可搭载"里尔-3"陆基电子战系统，该系统可在3G和4G网络下工作，能识别己方和他方设备并发送情报，以执行电子战任务。"海雕"地面指挥控制站能同时控制4架无人机。

编制配属：2015年开始列装，主要列装陆军旅营属无人机连，海军舰队无人机大队、空降兵突击旅无人机连。目前已编配1000余架。

战技指标："海雕"无人机的翼展为3.1m，机身长度为2m，无人机的最大起飞重量为16.5kg（如表1-1所列）。无人机可以由折叠弹射器进行发射，并通过降落伞着陆系统进行无人机回收。"海雕"无人机可以携带一台日光摄像机、一台热成像摄像机、一台无线电发射机,它所侦察到的情报信息可以通过网络直接传输到地面基站。"海雕"-10无人机还具备电子战能力,它可以携带干扰发射机,对地面目标进行持续的干扰。"海雕"-10能够在600km范围内将侦察信息传输到地面基站,而且这样的信息传输可以持续最多18h,该型无人机的巡航速度可以保持在110km左右。

图1-5 "海雕"无人机

表1-1 "海雕"无人机战技指标

战 技 项 目	战 技 性 能	
外形尺寸	机身长度/m	2
	翼展/m	3.1
重量与载重	载荷能力/kg	4
	最大起飞重量/kg	16.5
飞行性能	作战半径/km	120
	巡航速度/(km/h)	150
	实用升限/m	5000
	续航时间/h	16~18
	最大航程/km	600
	载荷功能	侦察监视、电子对抗

(2)"副翼"(Eleron-3)无人机。

功能用途:"副翼"无人机(如图1-6所示)可搭载摄像机、红外成像仪或10倍放大摄像机执行侦察监视任务,也可搭载高频无线电干扰发射机执行电子干扰任务。

图 1-6 "副翼"无人机

编制配属：主要列装陆军侦察部队。

战技指标："副翼"无人机战技指标具体参数见表 1-2。

表 1-2 "副翼"无人机战技指标

战技项目	战技性能	
外形尺寸	机身长度/m	—
	翼展/m	1.7
重量与载重	载荷能力/kg	1
	最大起飞重量/kg	5.3
飞行性能	作战半径/km	25
	巡航速度/(km/h)	70
	实用升限/m	5000
	续航时间/h	2
	最大航程/km	—
	载荷功能	侦察监视、电子干扰

（3）"前哨"-R（Forpost-R）无人机。

功能用途："前哨"-R 无人机（如图 1-7 所示）是引进自以色列的中型无人侦察机，可搭载俄制 GOES-540 光电吊舱执行侦察监视、目标指示等任务。

编制配属：2016 年开始列装，主要列装海军，如俄太平洋舰队。

战技指标："前哨"-R 无人机战技指标具体参数见表 1-3。

图 1-7 "前哨"-R 无人机

表 1-3 "前哨"-R 无人机战技指标

战 技 项 目	战 技 性 能	
外形尺寸	机身长度/m	5.85
	翼展/m	9.1
重量与载重	载荷能力/kg	100
	最大起飞重量/kg	454
飞行性能	作战半径/km	250
	巡航速度/(km/h)	180
	实用升限/m	5797
	续航时间/h	18
	最大航程/km	—
	载荷功能	侦察监视、目标指示

（4）"前哨"-M（Forpost-M）无人机。

功能用途："前哨"-M（如图 1-8 所示）为"前哨"-R 的察打一体改进型，能够执行搜索识别、对地打击、效果评估等任务。搭载的武器为 2 枚 KAB-20 系列导弹，有卫星制导的 KAB-20S 和激光半主动制导的 KAB-20L 两个版本，炸弹全长 900mm，直径 130mm，质量 21kg，配备 7kg 高爆破片战斗部，也可挂载光电吊舱或者"短号"反坦克导弹。

编制配属："前哨"-M 列装部队包括：西部军区远程无人侦察机队等部队。

战技指标："前哨"-M 无人机战技指标具体参数见表 1-4。

图 1-8 "前哨"-M 无人机

表 1-4 "前哨"-M 无人机战技指标

战 技 项 目	战 技 性 能	
外形尺寸	机身长度/m	5.85
	翼展/m	9.1
重量与载重	载荷能力/kg	45
	最大起飞重量/kg	456
飞行性能	作战半径/km	250
	巡航速度/(km/h)	216
	实用升限/m	5797
	续航时间/h	16
	最大航程/km	—
	载荷功能	侦察监视、对地攻击

（5）"猎户座"（Orion-E）无人机。

功能用途："猎户座"无人机（如图 1-9 所示）属于中空长航时察打一体无人机，主要执行对地、对空打击任务，也可执行侦察监视、炮兵校射、目标指示、地形测量等任务。

编制配属：2020 年 4 月开始列装，主要列装陆军航空兵等部队。

战技指标："猎户座"无人机战技指标具体参数见表 1-5。

图 1-9 "猎户座"无人机

表 1-5 "猎户座"无人机战技指标

战 技 项 目	战 技 性 能	
外形尺寸	机身长度/m	8
	翼展/m	16
重量与载重	载荷能力/kg	200
	最大起飞重量/kg	1200
飞行性能	作战半径/km	300
	巡航速度/(km/h)	120
	实用升限/m	7500
	续航时间/h	24
	最大航程/km	—
	载荷功能	侦察监视、电子对抗、火力打击

2）乌军部署

俄乌冲突爆发前，乌克兰共装备约 20 种无人机，总计 420 架。自研无人机多为中小型、侦察监视及自杀式无人机（巡飞弹），且多为民用，具体编制配属不详；引进无人机主要为土耳其的"旗手"（TB2）及苏联的"雨燕"（Tu-141）无人机，均装备于空军。此次冲突中，乌军大力运用"旗手"察打无人机，对时敏目标进行即时精确打击；运用"莱莱卡""狂怒""旁观者"等侦察无人机实时引导地面分队对隐蔽装甲车辆目标进行攻击。以美军为首的北约利用"全球鹰""死神"无人机，对乌克兰海上攻击、狙杀行动提供了重要的情报支撑，其中，能够遂行侦察引导作战的典型无人机有：

（1）"莱莱卡"（Leleka-100）无人机。

功能用途："莱莱卡"（如图 1-10 所示）是乌克兰国产小型战术侦察无人机，可执行情报侦察监视、火力引导等任务。2020 年列装部队，次年 5 月批量装备。该机采用复合翼气动布局，在战场上可不借助工具手动完成"变形"，部署快速机动灵活。

图 1-10 "莱莱卡"-100 无人机

战技指标：Leleka-100 无人机战技指标见表 1-6。

表 1-6 Leleka-100 无人机战技指标

战 技 项 目	战 技 性 能	
外形尺寸	机身长度/m	—
	翼展/m	—
重量与载重	载荷能力/kg	—
	最大起飞重量/kg	—
飞行性能	作战半径/km	45
	巡航速度/（km/h）	—
	实用升限/m	1500
	续航时间/h	—
	最大航程/km	—
	载荷功能	侦察监视、航空测绘

（2）"狂怒"（A1-SM"Fury"）无人机。

功能用途："狂怒"（如图 1-11 所示）是乌克兰 2014 年研发的小型侦察无人机。该机可用 1 个地面站控制 3 架无人机，执行侦察监视、火力引导、毁伤效果评估等任务。

图1-11　"狂怒"无人机系统

战技指标："狂怒"无人机战技指标见表1-7。

表1-7　"狂怒"无人机战技指标

战技项目	战技性能	
外形尺寸	机身长度/m	0.9
	翼展/m	2.05
重量与载重	有效载荷/kg	—
	最大起飞重量/kg	5.5
飞行性能	作战半径/km	50
	巡航速度/(km/h)	—
	实用升限/m	—
	续航时间/h	3
	最大航程/km	—
	载荷功能	侦察监视

（3）"旁观者"（Spectator-M1）无人机。

功能用途："旁观者"无人机（如图1-12所示）是由乌克兰国防工业公司于2019年研发的小型战术侦察监视无人机，可执行火力引导及昼夜侦察任务。

战技指标：目前，"旁观者"无人机已完成热成像仪和控制站的升级。具体战技指标不详。

（4）"雨燕"（Tu-141）无人机。

功能用途："雨燕"（Tu-141）（如图1-13所示）是苏联时期图波列夫设计局研制的战役战术侦察无人机。该机采用箱式存储和发射，安装在机动发射箱内，由助推火箭发射，伞降回收。该机由乌克兰引进并装备于其空军下属第321独立无人侦察机中队。乌军计划将老旧"雨燕"无人机改装为自杀攻击巡飞弹。

图 1-12 "旁观者"无人机

图 1-13 "雨燕"（Tu-141）无人机

战技指标：Tu-141 无人机战技指标见表 1-8。

表 1-8 Tu-141 无人机战技指标

战 技 项 目	战 技 性 能	
外形尺寸	机身长度/m	14.33
	翼展/m	3.88
重量与载重	有效载荷/kg	—
	最大起飞重量/kg	6215

续表

战 技 项 目	战 技 性 能	
飞行性能	作战半径/km	—
	巡航速度/(km/h)	—
	最大速度/(km/h)	1100
	实用升限/m	6000
	续航时间/h	—
	最大航程/km	1000
	载荷功能	侦察监视

　　除上述无人机外，还有其他外购或支援的无人机，如"旗手"（TB2）无人机等。

1.2.2　过程还原

　　此次俄乌冲突，乌克兰用"无人机-炮兵""无人机-特战小队狙击手"等协同方式组织无人机引导炮兵、无人机引导特战小队、无人机引导无人力量等行动，取得较大成果。

1. 无人机引导炮兵打击

　　俄乌战场上利用无人机引导炮兵打击作战的过程中，不但打击目标类型多种多样，同时可引导的炮兵力量比较广泛，不但包含火箭炮、装甲坦克，还有迫击炮等，并且在其中发挥"穿针引线"作用的无人机也包含了大、中、小、微等多型，多种武器间协同运用试图发挥最大作战效能。结合俄乌战场上的情况，无人机引导炮兵打击作战典型运用场景有：一是利用无人机引导炮兵对固定区域高效打击；二是利用无人机引导炮兵对动态目标快速打击；三是利用无人机引导炮兵对隐蔽目标精确打击，如针对隐蔽在密林中的目标打击，利用无人机红外侦察定位引导火箭炮对夜间隐蔽目标实施打击，通过无人机侦察对隐蔽在建筑、地堡中的目标实施引导打击；四是利用无人机引导炮兵对广域目标持续打击。

　　结合无人机引导炮兵打击作战的多种运用场景，分析俄乌战场上无人机侦察引导运用的主要特点如下：

　　1）引导对固定区域进行打击

　　无人机实施引导打击的要点主要包含两个方面：①"侦"。作为无人机引导打击的基本任务之一，在对所要打击的固定区域实施侦察中，无人机应充分抓住对固定区域作战特点。通常固定区域防御部署相对严密，或者工事部署相对隐蔽，无人机在侦察过程中易被探测，甚至摧毁，因此侦察中首先要求隐蔽侦察，尽力在敌防区外实施远距离持久侦察，从而确定敌防御部署；其次，在炮兵打击过程中，保持无人机持续侦察监视，确定目标打击效果，并及时关注战场动态，是否有增援或者区域部署变化，目的在于全面掌握整个区域战场态势；最后，要针对固定区域内的重点目标、重点方向进行重点侦察监视，确保打击全过程对重点目标盯得住、看得牢。②"校"。侦察校射是无人机实施引导打击的重要任务，即在炮兵实施对固定目标实施打击过程后，一方面要对区域毁瘫状态及时监测，并将毁伤情况传达到炮兵阵地，为后续校射打击提供毁伤态势情报；另一方面利用无人机空中侦察监视优势，持续进行打击校射保障，确保对固定区域能够形成全面、有效的毁瘫。

2) 引导对动态目标进行攻击

结合所要打击的动态目标和环境特点，无人机实施引导打击的要点主要包含两个方面：①"快"。随着高动态战场特征日益明显，对动态目标的打击应当秉持"以快制动"的作战理念，否则将错失目标毁伤的"良机"。因此无人机在侦察引导作战中，首先要通过广泛侦察与区域监视相结合，确保能够"第一时间"发现动态目标，掌握作战先机；其次当发现目标后，迅速进行精侦细察，由地面情报处理人员快速图像判读，确定目标属性、特征，并完成对动态目标的跟踪锁定；最后是动态目标信息要及时、准确地传给炮兵阵地，充分考虑信息传输时延和目标状态变化，可以通过适当研判，提供动态目标未来状态，尽量减少信息的流转或者因需多级定下决心而延误战机，确保对动态目标打击的实时化。②"校"。由于目标的动态影响，往往首轮打击不一定能够形成有效毁伤，因此无人机进行校射引导中，一是要做到及时校射，只有两发炮弹的间隔时间小于动态目标变化的时间范围，才有可能形成对目标有效毁伤，否则将形成"打草惊蛇"的被动局面，加大进一步毁伤难度；二是要持续校射，鉴于动态目标变化的随机性、不确定性，有效毁伤任务要求高，无人机应当做好为持续校射引导打击的准备，通过对动态战场的严密监视，不断将打击效果反馈到炮兵阵地，全力保障对动态目标的全面毁瘫。

3) 引导对隐蔽目标进行攻击

由于隐蔽目标与作战场景融合度高，单纯依赖炮兵实现有效打击难度比较大，充分发挥无人机空中侦察引导优势，提高目标探测和毁歼率，作战运用的要点在于：①"察"。对于隐蔽目标，只有"看得见"才有可能"打的着"，因此利用无人机空中机动、灵活侦察的优势对隐蔽目标进行侦测。结合俄乌战场对隐蔽目标"察"的过程，可以看出：一是多元侦察，根据隐蔽目标特性、作战环境，综合考虑侦察载荷，如夜间红外侦察具有更优的侦察效果，将多元载荷统一规划运用在相应的作战场景下，增强目标与载荷的匹配度，提高隐蔽目标探测率；二是持久隐蔽侦察，鉴于目标隐蔽特性强、敏感度高、警觉性强，相当于目标在"暗处"，如果无人机在明处，则很容易被隐蔽目标察觉，进而采取更有效的隐蔽措施，因此可以采用"以暗对暗"实施无人机侦察，并且对长期隐蔽蛰伏目标，要利用无人机无惧人员疲劳的作战优势，实现持续侦察监视，确保抓住隐蔽目标的"蛛丝马迹"，形成对其有效侦察；三是精细定位，隐蔽目标通常依托建筑物、植被等环境进行隐蔽，周围环境特征差距不明显，因此无人机在确定目标后，应进一步监测明确目标真实所在位置，为火力打击提供可靠目标信息，尽力确保"攻其不备、击其要害"，否则造成隐蔽目标形成攻防准备或快速逃窜。②"准"。对于隐蔽目标的侦察引导作战要突出在"准"。一是情报准，隐蔽目标关键特性在于隐，同时可能伴随一定的伪装示假，难于被侦测，因此要求无人机侦察时，持续对固定区域进行监测，所谓"细节决定成败"，抓住目标区域内可疑、可测、可辨之处，确保提供目标状态的可靠情报；二是定位准，结合隐蔽目标态势，根据环境特点，精确给出能够有效对目标形成毁伤威胁的作战区域，提高打击的有效性。

4）引导对广域目标进行攻击

广域目标主要体现在宽域作战场景下，战场覆盖面积广，目标则呈现出点多、线长、面宽的部署，利用无人机引导炮兵对此类目标的打击作战，其运用要点在于：①"广"。针对广域目标，无人机侦察引导作战同样要具有"广"的运用特性，确保能够看得见、看得远、看得宽，为引导打击提供全方位信息支撑。一是要形成区域覆盖，针对作战区域，可采用单机或多机协同的方式进行侦察，并确保能够形成对作战区域的全面监控，以充分保障对各类目标引导打击需要。同时要注意扩大侦察区域边缘范围，加强对增援目标的监测。二是要确保持续保障，鉴于广域目标覆盖范围广、战场动态性强、攻防转换频繁等可能态势的出现，单机侦察引导能力往往有限，因此可通过多机接力确保对广域目标的持续监测、引导打击以及毁伤评估。三是攻防兼备，由于广域目标分布的战场力量多元，作战地域覆盖面广，电磁空间作战密集复杂，敌方有条件部署防御体系，因此要实施引导打击进攻作战过程中，也应注重无人机防御，提高反无人机作战能力，提升无人机战场生存能力。②"协"。鉴于广域目标的动态性、多样性、复杂性明显，因此运用无人机与其他力量进行协同作业时，协调度、密切性将尤为重要，主要体现在：一是空间协同，即不但在平面空间上覆盖作战区域内的重点目标，而且同时在立体空间上形成梯次体系部署，进一步确保一种无人机侦察引导作战效能；二是时间协同，根据战场态势变化，时刻保持无人机对广域多目标跟踪定位，从而引导炮兵进行实时打击。

总结来看，利用无人机与炮兵联合起来实现前沿引导、后方打击的作战模式，已成为俄乌战场上无人机引导作战的主要运用模式，尤其在先期双方持续消耗库存传统火力的过程中，其为提高传统火力毁伤精度提供了新的有效途径。

2. 无人机引导有人打击

此次冲突是近年来参战人员规模最大的一次，城镇特种作战、区域班组作战等是有人作战的主要场景，有人作战场景中往往战斗激烈、人员生存威胁大、弹药消耗明显，而无人机引导有人打击将是提高作战效能的有效方式。无人机引导有人打击作战典型运用场景有：一是密林班组野战打击运用场景；二是城镇巷战打击运用场景。

从俄乌战场中无人机引导有人打击作战来看，作战环节上无人机重点实施了目标探测、动态监视和毁伤评估三大作战任务，而且为提高作战效能，后两项作战任务之间是不断反馈的。结合引导有人打击的作战重点环节，其运用要点主要有：

1）目标探测阶段

无人机可携带多元光学侦察载荷对目标区域进行侦察，为便于掌握敌作战人员部署分布态势，重点采用红外与可见光联合对人体、武器等明显热源目标进行侦察，同时鉴于敌军武装人员处于隐蔽地域，因此对于隐蔽目标，无人机实施侦察过程中也应当保持隐蔽，避免被敌军发现，错失"先机"。这一点在两个作战场景中，目标被袭前均未觉察到上空的无人机的先期侦察，为提前把握战场主动权提供信息保障；当发现目标后，立即完成对目标的精确定位。在城镇巷战的场景中，发现隐蔽在民宅周围的目标后，快速进行目标锁定定位，明确要打击的对象，给出具体坐标位置，其重要意义在于：一方面目标动态变化，为确保有效打击，要抓住有利时机，给出有利打击地域坐标；另一方面建筑密集，粗放毁伤或盲目射击不但造成弹药浪费，也容易造成次生伤害，更容易"打草惊蛇"。同时对目标的精确定位要审时度势，抓住最佳定位时机，并充分预判动态隐蔽目标的动态，确保"高效命中、击有所获"。

2）动态监视阶段

在地面攻击分队实施对目标打击过程中，无人机应继续保持对打击目标跟踪定位。由于射击毁伤更多属于点毁伤，相较于炮兵面毁伤效果，视野更加清晰，不容易被遮蔽，也为持续监测提供优良环境条件，因此在打击过程中不但要监测打击目标人员动向，提供目标实时精确位置坐标，也要利用无人机扩大范围凌空侦察，对作战区域是否有增援力量进行全面监控，从而全面把握战场态势。同时在不断跟踪定位过程中，及时、高效地将侦测信息与地面攻击分队进行共享也是关键，可靠的信息传输通道成为空地衔接的桥梁。由于地面分队通信距离往往受到地形地貌影响，若采用无人机回传信息至地面站再转发到前沿攻击分队，地-地传输可能受到一定距离影响，此时要确保在信息传输可接受范围内，如果有条件可以采用空-地分享模式，将无人机回传信息分发至各个点位作战人员，便于及时掌握敌情，为攻击分队进行动态部署决策提供有效信息保障。

3）毁伤评估阶段

当地面攻击分队对目标打击完毕，利用无人机的持续侦察监视及时进行毁伤评估是提高整体作战效能的重要环节。结合城镇巷战场景可以明显看出，毁伤评估的运用要点在于：①突出重点评估，无人机要针对重点打击区域或重点打击目标的状态及时进行毁伤评估，以确认是否达到作战目的，此时不但要对打击精度、范围进行评估，也要对目标毁伤状态和作战能力进行客观评估；②注意去伪存真，由于战场空间复杂，或密集、或狭小、或隐蔽，首轮打击若不能有效全部毁伤，敌方势必产生警觉，形成防御对策，可能利用环境遮蔽故意制造被毁伤殆尽的虚假场景，此时无人机毁伤评估要细致观测打击过程，确定打击范围，明确可能形成的打击效果，做出正确毁伤评估判断，以免形成"偷鸡不成蚀把米"的被动局面，因此在毁伤评估阶段要将技术手段跟战术策略统筹考虑，因为无人机引导有人打击作战中，作战对象往往是对方特战人员或地面攻击小队，目标部署状态变化相对较灵活，确保毁伤评估结果的"稳、准、精"，从而为后续行动部署提供可靠保障。

3. 无人机引导无人机打击

无人机引导无人机打击近年来首次在大规模冲突战场上展现，开启了无人与无人协同作战运用新模式，也提供了无人机引导打击作战运用的新视野，典型运用过程有：高空无人机首先负责目标侦察，而后将目标信息传回"柳叶刀"等自杀无人机阵地，最后对打击效果进行毁伤评估。虽然整个作战流程几乎与引导炮兵打击类似，但实际上，由于"柳叶刀"自杀式无人机在打击过程中具有一定自主跟踪打击优势，因此将会减少高空无人机的实时引导压力。对比无人机引导炮兵打击与引导无人打击这两种引导对象，从打击精度上看，"柳叶刀"自杀式无人机携带侦察载荷，能够在末端打击过程中实时监测目标动态，而传统火炮则缺少这种功能，因此自杀式无人机打击精度相对更高；从灵活性上来看，"柳叶刀"自杀式无人机具有自主飞行机动能力，相比传统火炮弹药优势也比较明显；从毁伤范围来看，由于自杀式无人机要承担远航程飞行、侦察监视等任务，因此载药量较少，打击范围相对较小，甚至对大型目标只能形成点毁伤；从费效比来看，自杀式无人机虽然成本要高于传统火炮，但其命中率相对较高，因此可以获得较优的费效比。

综上所述，无人机引导火炮打击与引导无人打击将会有不同的运用效能，我们把其称为"无人机+无人"的作战运用模式。

以自杀式无人机特性来看无人机引导打击的运用要点，高空中的无人机仍然担负目标探测、动态监视和毁伤评估三大作战任务。但每个任务阶段的运用内涵、要点将会随着协同对象而发生改变。

一是目标探测阶段，类似引导有人打击作战要点，依然要做到多元隐蔽侦察，值得提醒的是，在多元载荷运用过程中，最好采用与自杀式无人机携带的载荷类型相同的载荷对打击目标进行图像确认，便于自杀式无人机在遂行末端打击中核实目标图像信息。如我们通过红外热成像发现目标，而自杀式无人机携带的是可见光侦察载荷，因此高空无人机最好将目标的可见光成像信息同时进行确认。二是有效定位即可，因为自杀式无人机更加灵活，能够在末端打击中进一步定位，因此相比前两种运用场景，一定程度上降低了高空无人机侦察定位的精度要求，但依然要有明确的打击范围，如果能给出有效打击区域，也将更有利于后续展开高效打击。

其次是动态监视阶段，主要是以自杀式无人机自主打击为主，高空无人机主要作用体现在：一要重点对战场上是否存在反无人机防御系统部署或者启动反无措施（如防空摧毁，或自杀式无人机飞行轨迹被诱骗干扰等），及时向后方阵地做出预警，提高无人系统的战场生存能力；二要针对目标特点，当打击过程中，目标状态发生改变或者更加隐蔽，则需要进行及时补充定位，确保自杀式无人机能够顺利达到作战地域，并能够及时发现所攻击目标。

最后是毁伤评估阶段，鉴于自杀式无人机以精打、点打为主，毁伤范围可能相对有限，因此对此毁伤评估也要做到精确，确定打击点位效果，明确目标毁伤情况，为是否二次打击提供有效决策依据；同时考虑现代战场上集群式自杀无人机攻击已经成为一种典型运用方式，因此若是无人机需要引导多个自杀式无人机进行协同打击时，需要对所有打击区域进行全面毁伤评估。

1.2.3　运用分析

此次俄乌冲突中，无人机成为俄乌战场空中较量的主体。自2022年下半年起，俄军逐步改变原有战略，放弃快速突进，改为步步为营、稳扎稳打、渐进性打击等战法，逐步消耗乌军有生力量。为减少己方损失，开始大量使用无人机遂行空中侦察、火力校正、目标引导、火力打击等任务，不断探索无人机战场应用及创新战法，无人机在打击乌军有生力量方面更为精准。

1. 主要战法

1）提高战场态势侦察能力

军事行动伊始，在快速穿插行动中俄军频繁遭到乌军小分队的袭击，俄军紧急调配"海雕"-10/30多功能（侦察和火力校射）无人机、"副翼""前哨""石榴"等多款无人机投入战场，实时侦察战场态势、协调精确定位相关联的高精度远程打击武器，迅速将无人机纳入"侦察-打击综合杀伤链"的重要一环。"副翼"-3或"海鹰"-10无人机能识别如乌克兰步兵或主战坦克等潜在目标，而后将目标类型及坐标信息发送至战场指挥所，同时将任务分配给可打击目标的2S19"姆斯塔河"自行榴弹炮或"龙卷风"风箭炮等火力系统，炮兵分队通常可以在3～5min内对目标进行精准打击，而如果通过电子战测向、声学侦察或反炮兵雷达识别目标，这一过程需要半个小时。

2）提升无人机战场快速打击能力

2022年9月以来，鉴于乌军的猛烈反扑以及俄军的节节失利，俄国国防部开始改变重兵投入、强火力猛攻等既有战术，转而开始大规模使用无人机巡飞弹对乌军重要军事目标进行先期打击，以弥补兵力不足、人员损伤严重等。攻击无人机可以最大限度地缩短"侦察-打击"链的长度，弥补其中可能的薄弱环节。俄国防部多次发布使用"柳叶刀"巡飞弹直接打击乌军步兵集群、坦克、自行火炮、防空系统等高价值目标的视频。截至2022年年底，俄军在乌克兰特别行动中已经使用了数百枚国产"立方体"和"柳叶刀"（研发代号"产品-51/52"）巡飞弹。俄军使用巡飞弹是在侦察无人机发现后再召唤打击的，这也是俄军对其察打一体无人机数量不多和载弹量不足的一种权宜补充。

3）磨合构建无人化侦察-打击系统

在俄乌战场，俄军通过实战摸索并检验测试，在"侦察-打击-再侦察"闭合作战链中磨合构建"无人化侦察-打击系统"，将无人机战法集成纳入"统一战术指挥链"作战系统中，加快向上级司令部和火力设备提供数据的速度或直接遂行火力打击任务。起初俄军拟使用"猎户座""前哨"-R等大型察打无人机作为新型"无人侦察-打击系统"的主体。由于现有察打无人机数量较少，在乌克兰作战的俄军分队根据作战经验和战场实测，决定使用"组合式"无人机群作为"无人化侦察-打击系统"的主体，于2022年11月推出更适应俄乌战场的首个小型化"无人化侦察–打击系统"。

2. 经验教训

俄乌冲突无人机引导打击作战，对俄乌双方都造成了非常惨重的人员伤亡和装备毁伤，其中的经验教训值得我们研究。

1）思想麻痹大意

俄乌开战以来，俄罗斯方面的战争组织显得杂乱无章，不断暴露出很多问题，并遭受惨痛的损失。在莫斯科号被击沉、克里米亚大桥被袭击、国内战略空军基地被袭击、众多将军被刺杀等惨痛教训后，没有认真总结教训，甚至屡错屡犯，问题没有得到彻底整改。在美国和北约通过卫星、星链等手段为乌克兰提供各种情报的今天，多次被乌克兰无人机精确打击后，俄军仍反应迟缓，未能及时总结经验。

2）侦察情报失能

俄军在掌握战场制空权的情况下，连续多次被乌军袭击成功，充分说明俄军的情报侦察能力缺失、效能低下。对于瞬息万变的乌克兰战场，俄军对乌军武器装备情况掌握不足，无法预测乌军下步作战情况，无法提前进行预判或给予打击。在乌军使用无人机发动袭击后，俄军无法及时对敌军进行回击。

3）作战理念滞后

无人机作战理念相对落后，运用不够灵活。目前俄罗斯的无人机以陆军平台为主，可能与苏联时期的大陆军情结有关。由此可见，俄罗斯的空基、海基无人机作战运用发展失衡、落后，这极大影响俄罗斯无人作战平台发挥作战效能。

1.2.4 作战启示

结合引导打击作战流程，此次冲突带给运用无人机引导打击作战的启示主要有：

1. 提高目标探测效能

在整个无人机引导打击作战中，发现目标是前提，因此无人机的先期侦察是关键手段，在运用中我们核心就在于提高无人机的侦察效能。结合俄乌冲突典型场景分析，可以总结以下几个方面：①多元侦察。针对不同的战场环境（昼夜、雨雾）、不同目标特性（热源、反射等），采用不同的侦察载荷，全面感知战场态势，提高目标侦测效能。②图像判读。针对各种载荷获得的不同的战场环境和目标特性图像信息，提升对敏感目标的人工检测和自主检测是关键，当前地面站情报处理席位自动目标识别能力有限，则必须加强情报处理人员的快速识别检测能力，提高各种载荷获取图像判读的训练量，以此提高判读水平。③航路规划。侦察效能与无人机飞行速度、覆盖面积等因素息息相关，因此在航路设计上要形成对作战区域的有效覆盖，提高接触概率。④加强协同。针对作战区域覆盖和保障需求，当单机难以满足作战需求时，可采用多机协同提高侦察效能，一方面，多机横向协同覆盖作战区域，另一方面，多机纵向协同形成多层次立体侦察空间，同时也可针对持续侦察保障需求，多机接力实现时间协同，确保对作战区域的全天候、全方位覆盖侦察。⑤防范诱骗。面对复杂战场，无人机在侦察过程中，敌方可能会设置各式战场迷雾（如俄乌战场上出现的假人模型、报废装备等）来掩盖其作战部署，此时无人机侦察过程中要反复确认敌方部署，提高侦察情报的可靠性。

2. 建立信息共享通道

无人机引导打击作战实际上是典型多种力量协同运用形成的观察、判断、决策、行动（OODA）作战环路，其中前两个环节由无人机完成，后两个环节则由后方打击力量完成，因此相当于一个分离式 OODA 作战环，而将其串联的核心纽带就是信息共享通道，信息共享通道的实时性、有效性和可靠性的优良程度对整个环路的运行效率具有至关重要的作用，因此在实施无人机引导打击作战中要确保信息共享通道的畅通，若是采用无线传输建立的信息共享通道，则需要考虑电磁环境的影响，避免被干扰，提高传输的可靠性。同时，借鉴俄乌战场上无人机引导多种方式进行打击（包括与炮兵、有人和无人），如果要实现多元引导打击，则需要提前建立能够与多元力量进行高效通联的信息共享通道，以此为支撑多元打击引导建立起沟通协作的桥梁。

3. 保障动态监视打击

在无人机引导下打击力量遂行对目标打击过程中，无人机要担负起战场动态监视任务，重点监视三个方面：①目标动态特性。针对打击目标特点，在打击过程中保持对目标持续监视，确保目标始终在监视视野范围内，能够及时将目标动态共享到后方打击力量。②战场态势监视。利用无人机高空大视野的侦察优势，要注意对目标周围的作战部署、力量配置等状态变化进行监视，如是否出现增援力量、是否转移阵地等，以此优化调整打击任务提供决策依据。③战场威胁监测。在打击过程中，敌方可能针对突袭做出一定防御措施，重点对敌军防御体系中对我军作战力量具有威胁的系统是否启用进行监测，如防空导弹、电子干扰等，提高战场生存能力。

4. 形成可靠毁伤评估

毁伤评估是无人机引导打击作战中强化作战效能的重要手段，一方面要基于无人机平台自身是否具有毁伤评估和校射功能，另一方面也要依靠人工进行毁伤评估。在运用过程中注意打击力量所形成的点毁伤和面毁伤评估结合、对打击目标的动态毁伤和静态毁伤评估相结合（动态毁伤主要体现在二次附在损伤的毁伤评估）、定性与定量毁伤评估相结合、对战场环境的虚实毁伤相结合（主要表现在打击后可能暴露出敌方真实作战部署），多种毁伤方法要综合运用，确保毁伤评估的可靠性能，为支撑后续补充打击提供明确数据支撑。

毁伤评估可以采用辅助自校法，即在已知预设战场火控点坐标的辅助下，求解无人机系统自身定位误差，进而快速求解目标的准确坐标。

炮兵侦察校射无人机执行战场侦察监视任务时，在预设战场某地域内（已获得部分火控点坐标），极有可能出现对计划外目标实施打击的作战保障需求，对于临时发现的新目标，必须使用可以实时定位的任务设备（如电视或红外侦察平台），因而必然存在系统的定位误差。对此类目标常规做法是采用试射后先修正系统自身定位误差，进而求解目标的准确坐标的方法实施打击。

该方法对固定目标可行，通过试射，测出无人机的系统定位误差（每架无人机客观存在的固有值），然后予以校正。但对运动目标（如装甲运兵车、坦克、自行火炮等）则可行性下降，因为试射容易引起敌方警觉，敌方可能机动改变位置或逃逸。

运用辅助自校法，可以快速准确定位目标，不必进行试射，可根据辅助自校法解算出的坐标直接实施效力射，不给敌方机动和逃逸的机会，大大提高打击效果。

5. 注重隐蔽侦察引导

对无人机平台来说，其担负的任务更多是在前沿侦察、持续引导，因此无人机要面临敌方的威胁程度更大，近年来由于无人机的广泛应用，反无人机系统也在不断发展，因此在遂行无人机侦察引导作战中，无人机要警惕敌方反无人系统，避免被敌探测、被干扰或被摧毁。无人机应发挥灵活机动的作战优势，合理规划航线，确保能够在有效侦察范围内高效作业，提高隐蔽作战能力。同时，充分评估现有无人机的技术水平，在侦察引导作战中加强技战融合运用，提高探测概率，实现突然打击，形成有效毁伤的作战效果。

复习思考题

1. 伊拉克战争中"全球鹰"无人机侦察作战效能如何体现？

2. 无人机引导打击模式有哪些？

3. 结合美军"全球鹰"无人机运用，分析 BZK-007A 无人机侦察如何有效侦察？

4. 结合战例总结无人机侦察作战行动流程。

5. 无人机侦察作战要点主要体现在哪些方面？

6. 无人机侦察融入体系作战应遵循哪些原则？

第2章

无人机综合打击作战

消灭敌人最直接有效的方法是对敌实施毁灭性的打击，而无人机凭借其机动灵活、效费比高等优势，成为对敌实施有效打击的理想平台。无人机可携弹对敌指挥中枢、火力配系、核心人物进行狙杀突击、投弹攻击、自杀袭击和集群攻击等综合打击，进而严重摧毁敌作战力量，对敌造成严重的经济损失，并形成强大的心理威慑，最终导致其作战体系的消亡。本章着眼刺杀苏莱曼尼之无人机"狙杀"作战、纳卡冲突无人机察打一体作战、无人机集群作战之沙特油田被袭、俄乌冲突之无人机自杀袭击和巴以冲突之无人机投弹攻击作战运用效果，形成作战启示。

2.1 狙杀苏莱曼尼美无人机作战

长期以来，出于意识形态斗争和地缘政治考量，美国和伊朗在中东地区的角力一直处于白热化状态。美国长期对伊朗实施经济封锁与制裁政策，伊朗则采取多种手段强硬回击美方，如加快构建"什叶派之弧"（伊朗-伊拉克-叙利亚联系起来，什叶派聚集起来的地缘，主要是伊朗主导下的波斯湾北岸势力），宣布重启铀浓缩等涉核活动，诱骗美 RQ-170 无人机，击落美国"全球鹰"无人机，攻击沙特炼油厂，直至袭扰美军基地、冲击美使馆，严重挑战美国在中东地区的存在和影响，同时也造成中东局势持续紧张。沙特统治者为谋求自身稳定发展，提出"缓解地区紧张局势"的提议，美据此利用沙特向伊拉克转达了与伊朗改善关系的意愿，伊拉克统治者为了维护其稳定地位，积极与伊朗接洽，苏莱曼尼就此赴伊与其会晤。

2.1.1　背景介绍

1. 行动企图

特朗普上台后，对伊朗采取极限施压政策，实施了多种制裁方案：从政治上，宣布把伊朗伊斯兰革命卫队列为恐怖组织；从经济上，不再延长部分国家和地区进口伊朗矿产行业制裁豁免，试图全面封堵伊朗原油出口；从军事上，持续向海湾调兵遣将，几近兵戎相见。然而伊朗不仅没有退缩，反而针锋相对。但特朗普政府谋求在确保美国霸权及对当地战略要点控制权的前提下，尽量减少在中东的军事投入，避免大打出手，采用清除"要员"方式进行震慑。美国选择狙杀苏莱曼尼的原因主要有以下三点：

一是国际压力相对较小。对美国来说，如果被刺杀的是伊朗最高领袖哈梅内伊或时任伊朗总统哈桑·鲁哈尼，与国际法相悖，也意味着对伊宣战，其政治后果、宗教影响和地缘战略走势，都是特朗普政府所无法掌控的。而苏莱曼尼作为伊朗 3 号人物（如图 2-1 所示），虽然国际政治影响力不如前两位，但他是伊朗革命卫队的影子统帅，也是伊朗在中东地区扩大穆斯林什叶派影响力的重要人物，被誉为"中东间谍之王"，集军事、外交、情报等大权于一身，是伊朗绝大多数反美行动的直接策划者，美军早欲"除之而后快"。因此，美国避开伊朗政治领导人而选择苏莱曼尼，不仅受到的国际压力相对较小，而且能减小伊朗及其革命卫队不断扩张的影响力，对维护美国国家安全具有重要意义。

图 2-1　苏莱曼尼

二是震慑反美武装联盟。苏莱曼尼领导的"圣城旅"成立于1990年，是伊斯兰革命卫队最神秘和精锐的部队（如图2-2所示），是伊朗扩张地区影响力的策略中"核心而锐利的执行者"，成为伊朗插手中东事务的有力武器，被称为伊朗"插在中东地区的一把尖刀"。

图2-2 "圣城旅"部队

"圣城旅"影响力如此之大，与指挥官苏莱曼尼具有极高的威望和号召力是密不可分的。若"圣城旅"领导被"狙杀"，将对该旅建设发展谋划、任务指挥决策等方面产生深刻影响（如瓦格纳领导人遇害，瓦格纳集团面临"群狼无首"的境地，未来发展也处于迷惘未定状态），即便"圣城旅"找到能够替代苏莱曼尼的其他军事人物，由于指挥风格和个人魅力的改变，都会对"圣城旅"造成影响。此外，苏莱曼尼常年负责海外情报与作战，以一己之力在中东地区结交了众多的"代理人"盟友反抗美国，其作为敢于对抗美国霸权的人物代表和文化符号，若被刺杀不仅是美国对伊朗的警告和报复，也会震慑整个中东反美武装联盟的作战心理。

三是制造冲突诱发导火索。2019年12月27日，伊拉克什叶派武装发射31枚火箭弹，袭击美军在伊拉克的基地（如图2-3所示），导致一名承包商死亡和数名美军受伤；随后，美军报复性轰炸了伊拉克什叶派武装营地，导致25人丧生。

2020年1月，伊拉克什叶派武装围攻美国使馆（如图2-4所示），使美国在中东地区颜面尽失，美军认为必须展开及时有力的反制措施才能挽回颜面。特朗普认为，策划这场袭击的"幕后黑手"就是苏莱曼尼，此次事件也因此成为美军决心"狙杀"苏莱曼尼的导火索。

图 2-3　伊拉克什叶派武装发射火箭弹袭击美驻伊拉克基地

图 2-4　伊拉克什叶派武装围攻美使馆

　　因此，"狙杀"苏莱曼尼是及时剁斩伊朗主导的"什叶派之弧"的必然之举，为继续维持美国在中东霸权地位拔除眼中钉、肉中刺，苏莱曼尼是在这个大形势下最适合震慑美国、规制伊朗的有力棋子。

**　　2. 战前形势**

　　从前期形势来看，美军此前对苏莱曼尼的多次暗杀为何均以失败告终？一是目标人物深居简出。苏莱曼尼日常行踪十分谨慎，不事先约定或公布目的地，不通过正规渠道过安检，不乘坐普通汽车，尽量减少与他人的接触，一般情况不会暴露行踪。二是通联手段传统陈旧。苏莱曼尼不使用智能手机，而使用一款没有安装任何应用软件的老式诺基亚手机，经过特殊加密后难以被跟踪及窃听。三是反跟踪反侦察意识强。苏莱曼尼穿梭于中东各国时，选择的交通工具会随时调整。乘坐商务航班时，他先会购买不同时段的机票，直到最后一刻才登机，并且总是坐在商务舱第一排，方便第一个下飞机。

2007年，美国将"圣城旅"列为恐怖组织，再通过"棱镜"计划（如图2-5所示）入侵伊朗通信公司网络，获取苏莱曼尼手机移动设备识别码，对其动向进行监控，侦察监视行动整整持续13年。因此，要达成"狙杀"苏莱曼尼目的，会面临"目标精准把控、动态实时跟踪、要目精确狙杀"等层层难题。

图2-5 棱镜计划

3. 作战环境

美国之所以选择在伊拉克领土上动手，一是地缘因素可控。美军在伊拉克领土盘踞多年，获取政治、人文情报尤为方便，对伊防空力量和预警系统也了如指掌，其防空预警、拦截打击能力十分薄弱，不具备及时发现空中威胁的能力，也缺乏对空拦截打击能力，且伊拉克的防空雷达不会为苏莱曼尼提供预警保护。二是地理位置优越。将击杀地点选择在巴格达机场外围公路，一方面是由于机场周边通常为管制空域，为避免与起降航班冲突，各空域用户须严格遵守航空管制机构指挥，净空条件好。另一方面，该地域遮挡少、视野开阔、容易跟踪，没有通向外围的分支岔路，行进路径便于预测，为保证暗杀得手提供先决条件。此外，这一路段呈凹槽状，可以最大限度保证导弹爆炸威力相对集中。该地域避开机场中心和市区，夜间光照条件差，充分的暗夜环境便于隐蔽杀伤作战力量。三是民情社情简单。巴格达机场位于市郊，附近建筑稀疏，活动人员较少，美军实施作战可最大限度减少人员及周边附带损伤。

4. 力量运用

美军针对目标行踪动态隐秘、时间敏感性极强等特点，没有首选派遣地面特种部队渗透刺杀或者武装直升机隐蔽袭击，而是筹划"空中无人杀伤为主，天基卫星、线人情报、地面部队等多种力量手段为支撑"的实时跟踪监测、定点狙杀攻击计划。

一是空中无人作战力量。以察打一体无人机为主，美军出动了 MQ-1"捕食者"（如图 2-6 所示）和 MQ-9"死神"（如图 2-7 所示）两款无人机装备。

图 2-6 MQ-1"捕食者"无人机

图 2-7 MQ-9"死神"无人机

MQ-1"捕食者"无人机主要遂行战场监视和情报传递任务，实用升限 7600m，续航时间 30h，噪声小、体积小，不易被传感器、雷达等设备侦获，利于长时隐蔽部署。

MQ-9"死神"无人机主要遂行目标侦察指示、对地攻击等多种任务，最大航程超过1800km，最大飞行时速为480km/h，能携带1701kg重物在15km的高空中飞行，在距地面250～300m的地方飞行时几乎不会发出声音，装备AN/AAS-52MTS-B多光谱瞄准系统，能对地面目标实现远程监视、高空目标捕获，携带的高爆弹头GAM-114"地狱火"导弹，是美军广泛使用的多用途精确制导武器，可击穿敌坦克1200mm防护的主装甲。

二是其他支撑作战力量。①情报侦察作战力量。除上述两款无人机情报侦察外，还部署有天基卫星、情报线人等多元侦察作战力量。其中天基卫星是情报侦察、信息中转的高空枢纽，以卫星和数据链为主要支撑的综合指挥信息系统，融合处理多源情报信息，确保实时指挥控制；借助安插情报线人实时定位苏莱曼尼，精准掌握其行动，随时提供情报保障。②地面有人作战力量。美军预埋步兵和特种作战力量机场待命，主要包括第82空降师1个步兵营和三角洲特种作战部队，其中三角洲部队的3个战斗小组伪装成维修工，躲在路边的旧建筑或车辆里，在机场的隐蔽地点通过望远镜进行侦察，对目标进行三角定位，协助进行打击评估。③空中有人作战力量。以AH-64D"长弓阿帕奇"武装直升机为空中支援力量，部署在伏击地域附近，作为空中无人杀伤力量的有效补充。

2.1.2 过程还原

美军"狙杀"苏莱曼尼，组织实施周密细致，行动过程环环相扣，大致可分为7个阶段。

1. 设局诱骗

美国在得知伊朗与伊拉克积极接触后，立即通过沙特阿拉伯向伊拉克转达愿与伊朗改善关系的假象，在美国的建议下，伊方随即向苏莱曼尼本人发出邀请，苏莱曼尼就此赴伊参加会晤（如图2-8所示），结果落入美军圈套。

图2-8　接触会晤

2. 精准获情

2020 年 1 月 2 日上午，苏莱曼尼由德黑兰乘机抵达叙利亚首都大马士革，当晚登上飞往巴格达的航班。美军利用其中东地区的情报网络，运用电子监听、谍报、线人等多种手段，掌握苏莱曼尼从大马士革到巴格达的航班信息及行程安排（如图 2-9 所示）。

图 2-9　精准获情

3. 高位筹划

得到情报后，美国中央司令部和联合特种作战司令部立即启动筹划，制定"狙杀"苏莱曼尼的作战计划，并将制定的计划上报国防部长和总统批准。行动由美国总统特朗普授权和监控，由"坚定决心行动"联合特遣司令部（CJTF-OIR）负责本土指挥控制，由海军陆战队陆空特种部队和 OIR 特种作战部队、OIR 空中远征联队在一线行动。

4. 持续跟监

OIR 空中远征联队派出"死神"无人机、"捕食者"无人机和"阿帕奇"武装直升机前往巴格达机场上空隐蔽待机并保持不间断的空中监视，还将第 82 空降师步兵营投送到巴格达国际机场，对机场采取秘密监视和控制，同时派遣三角洲特种部队在机场附近待命（如图 2-10 所示）。

5. 实时定位

2020 年 1 月 3 日凌晨，苏莱曼尼抵达巴格达机场，在航站楼稍作停留后乘车离开。此时，美军围绕关键时间点，一方面组织情报线人持续跟踪监视，确保锁定苏莱曼尼本人；另一方面利用无人机对车辆实施动态监控，通过多光谱瞄准系统获取高清视频和图像，画面通过天基卫星直接传送至特朗普、国防部长和中情局局长面前的显示屏，最终全面掌握苏莱曼尼从机场着陆后至伏击地域的实时动态，并在沿途利用无人机携带的高清热成像摄像机对车队进行持续精确定位。

图 2-10　持续跟监

6. 即时狙杀

2020 年 1 月 3 日 1 时 50 分左右，苏莱曼尼一行乘坐车辆离开机场（车队两车相距百米左右）。当车辆驶出机场约 2km 后，在外围公路的拐弯处减速，射手拥有足够时间进行精确瞄准，利用空中作战平台连续向车辆发射了 4 枚空地导弹，1 枚首先命中穆罕迪斯所乘坐汽车，而相距 100 多米的丰田车加速躲过了第 2 枚导弹，却被埋伏在机场的特种部队瞄准射击，第 3 枚导弹命中苏莱曼尼乘坐汽车，紧接着，又一枚导弹发射出去并击中车辆残骸。

7. 多源评估

打击后无人机拍摄毁伤情况图像，第一时间传回指挥中心。紧跟在苏莱曼尼车队后约 1km 处的美军特种作战部队，在导弹发射 1~2min 后迅速赶到现场，提取残肢 DNA 信息，并确认苏莱曼尼死亡。此后，美军迅速对当地各反美力量通信信号进行监听，准确截获反美武装发出的重要人员遇袭信息，多源情报进一步印证苏莱曼尼已经毙命。

2.1.3 运用分析

此次美军"狙杀"苏莱曼尼行动是一次典型的体系支撑下的精准杀伤作战，指挥控制在本土、武器平台在前沿，战略情报支撑、卫星通信保障，附带损伤小、作战效益好，将强大体系支撑下的空中无人平台作战效能发挥到了极致，是战略体系支撑下跨区联合作战的"经典之作"。特别是在筹划决策控制、情报侦察监视、力量手段运用等方面，体现了体系化、信息化、智能化的鲜明特点，清晰诠释出空中无人精确杀伤的"指挥链""情报链""杀伤链"运用架构。

1. 远程多域联动，构建扁平高效指挥链

从"狙杀"苏莱曼尼这一战例看，凭借先进指挥系统，美军构建上级指令与下级行动实时传输交互的高效指挥控制体系，使处在本土、伊拉克基地等不同地域的不同指挥层级同步掌握作战实况，以近乎现场直播方式实现"OODA 循环"（观察-定位-决策-行动）链路高效闭合（如图 2-11 所示）。

图 2-11　QQDA 循环

美军之所以能够对位于不同地点的人员进行精确、高效指挥，主要在于以下几个方面：一是指挥层次"高"。此次行动突出高层筹划、顶层决策，由军队高层筹划部署，总统对行动方案直接进行决策，实时音视频指挥，亲自下达攻击命令，美联合特种作战司令官以总统执行官身份负责具体指挥协调，指挥关系明晰、指挥链路顺畅，各行动力量实施集约、高效的统一指挥，确保在联合行动中迅捷、稳定地展开一体联动。同时，凭借先进指挥网络，美军构建上级指令与下级行动实时传输交互的高效指挥控制体系，使处在本土、伊拉克等地的高层指挥中枢能够同步掌握行动态势。

二是控制层级"少"。美军具有"战略决策、战役筹划、战术行动"的任务式指挥控制特征。在机构设置上，将指挥层级压缩至"白宫-联合特种作战司令部-联合特遣部队"三层指挥体制，在白宫授权和监控下，联合特种作战司令部在本土指挥控制，特遣部队和武器平台在一线行动，减少指挥层次，具有扁平指控、多域控制、指挥高效、灵活应变的突出特点；在职能区分上，战略级指挥员以"定决心"为主，主要负责决策重大问题；战役级指挥员以"调部队"为主，主要负责统筹协调陆海空天所属力量的各项行动；一线战术指挥员以"控行动"为主，主要负责临机处置突发情况。扁平指挥层级大大提高了指挥效率，例如，针对苏莱曼尼打击完成后 1.5h，特朗普便在推特上发布国旗照片，简约的指挥层级使得美军能够在较短时间内，完成由底层向高层的毁伤评估情况汇报。

三是调控手段"多"。为确保行动指挥顺畅，美军构建了以卫星和数据链为支撑的单兵信息系统、定位导航系统和宽带通信系统为辅的综合指挥信息系统，通过融合处理天基卫星、无人侦察机、雷达电子侦察、红外热成像和夜视侦察等多源情报信息，形成战场综合态势，实现与前端的可视互动，确保指挥中枢对突击行动的实时指挥控制。当苏莱曼尼车队离开机场时，车队被 2 辆车超越，美方行动一度遭到干扰，但美军并未放弃攻击计划，而是综合多种手段快速研判、实时调整达成狙杀目的，显示出美军在远程、异地条件下实施高效指挥与控制的能力。

2. 作战准备周密，塑造精准细致情报链

一是情报搜集"全"。美军"狙杀"苏莱曼尼的窗口时间只有几分钟，但情报搜集、跟踪分析长达十多年，在任意时刻掌握苏莱曼尼所在位置的情报机构可达 5~6 家。本次行动中美军能够通过 DNA 比对迅速确认身份，说明美军很早掌握了狙杀对象及其亲属的 DNA 信息，将其体形、外貌等特征信息存储在大数据系统中，实现快速精准比对。

二是情报手段"活"。为了保持对目标人物实时不间断跟踪监视，美国重视高新技术和传统谍报力量的多重融合运用。苏莱曼尼使用一款没有安装任何应用软件的老式诺基亚手机，特殊加密后难以被跟踪及窃听。美国通过"棱镜"计划入侵了伊朗通信公司网络，对苏莱曼尼及随行人员的手机序列号实施扇区化定位，获取了手机移动设备识别码，实现对其动向长期可靠监控，再通过高空侦察机或高精度卫星即刻锁定具体位置。

三是情报渠道"广"。据外媒报道，2019 年 6 月，美国在叙利亚和伊拉克招募特工开始关注苏莱曼尼动向。此次行动中，大马士革和巴格达机场潜伏着多名机场员工、警察、空姐等身份的美国线人。其中，巴格达机场至少有 6 名美国线人，包括 2 名机场员工、2 名担任安保的警察和 2 名叙利亚航空公司的空姐。这就意味着在客机飞行途中，2 名空姐一直监控着苏莱曼尼。飞机降落在巴格达机场以后，由 2 名安保警察接替监控。出机场时，又由机场工作人员继续监控。通过广泛覆盖的情报线人与美军高新侦察技术手段相互印证，确保苏莱曼尼的整个行踪始终处于美军的无缝监视之下。

四是情报研判"快"。美对苏莱曼尼行踪掌握已达"分钟级"，因此当苏莱曼尼准备赴伊拉克时，美国政府一位高级官员就透露"情报表明苏莱曼尼正前往巴格达，总统对此迅速做出决定"，说明美国能够及时获悉苏莱曼尼的行踪。美军"狙杀"苏莱曼尼，从苏莱曼尼出现在机场到离机、乘车全过程，都被空中待战的无人机实时跟踪，其画面直接传送至总统、国防部长和中情局局长面前的显示屏，指挥官根据情报快速研判并下达指令，完成对时敏目标的精确摧毁，确保整个作战行动始终处于美军把控之中。

3. 力量精细选配，组建空中无人"杀伤链"

从作战思想来看，狙杀过程是对美军基于"马赛克战"的"杀伤网"概念的生动诠释。该理念基于网络信息支撑，强调各领域指挥与控制、情报获取及武器的整合，形成多节点构成的网状杀伤结构，凸显作战的跨域协同性和灵活性。此次行动中，美军通过无人机、地面谍报人员等多源快速获情，及时将情报共享给无人机、有人机和地面部队等作战单元；为确保"猎杀"行动精准实施，在情报系统支撑下，布设有人/无人、空中/地面等多个攻击网络节点，扩大杀伤路径数量，增强火力多样性，提高攻击灵活性、生存性和弹性，以此确保整个"杀伤网"作战效能的发挥。

从作战流程来看，狙杀任务依赖于空中无人作战的"杀伤链"体系。"杀伤链"是指对攻击目标从探测到破坏的一系列循环处理过程，由发现、锁定、跟踪、定位、交战、评估等不同阶段的行为构成。本次"狙杀"行动充分展现出美军动用精锐力量、运用精尖武器构建空中无人精准"杀伤链"的能力。

一是平台选用"精"。苏莱曼尼是伊朗主要领导人，经常参加公开活动，身边必然安插有安保人员，采用派遣地面部队采取特战狙杀的方式容易暴露，无法保证全身而退，成功率不高。因此，必须选择一种隐秘而灵活的杀伤手段，悄无声息地接近目标，持续跟踪、精准定位其行动。美军选用"捕食者"和"死神"这2款无人机参与此次行动。从隐秘性上看，"死神"和"捕食者"无人机飞行高度高、发动机噪声小、滞空时间长，可悄无声息地长时间预伏在机场上空，难以被攻击目标发现并及时防范，极大增强杀伤行动的突然性；从时效性上看，MQ-9无人机搭载的高清变倍镜头，能确保在上万英尺高空对地面人员和车辆进行精准识别，特别适合对时敏目标进行打击。无人机从发现目标到打击仅需15s，2个目标的打击间隔不到1s，能极大缩短对目标的"杀伤链"周期，提高侦察信息的时效性和攻击的准确性。从战损与评估上看，无人机平台无人、后方有人，能避免己方伤亡，在打击后及时评估效果并发起二次攻击，缩短交战耗时。察打无人机集侦控打评于一体，显著减少"杀伤链"环节，非常适合以快制胜的现代战争。一名美军退役空军中将说："'死神'无人机是这项工作的完美武器系统，具有空中力量投射准确、及时和致命力量的能力"。从操控运用上看，美军近年来多次使用无人机在也门、索马里、巴基斯坦、利比亚等地执行跟踪、狙杀作战任务，任务总数高达1000余次，无人机已成为美军局部战争及全球反恐的"玲珑杀手"与"狙杀利器"，也因此锻造了一批精通操控运用、熟悉作战指挥的空中无人杀伤作战队伍。

二是武器杀伤"准"。采用普通的导弹击杀目标，武器能量强、杀伤范围大，易造成严重附带伤害，国际舆论可能因此对美国施压。要想实现"微创式"的精准打击，减少附带伤害，必须精心挑选狙杀装备。美军针对苏莱曼尼体型特征和乘车行动轨迹特点，定制了加装旋转刀片的专用炸弹，该导弹为"地狱火"导弹的改进型，没有战斗部，安装有6片由高速工具钢制造的刀片，平时折叠在导弹体内。当无人机确认目标后发射导弹，距离目标十几米时刀片弹出，击中目标并进入内部后，弹头旋转对目标进行斩杀。该导弹具有高精度导引头，可以100%命中车体精确打击目标。据苏莱曼尼事件的现场照片显示，目标车辆车体遭受巨大破坏，车内的死者被刀片直接切碎在车内，但其他部分损坏不大，对周围目标更是没有伤害。为了确保行动托底，无人机还发射了第4枚加装高爆战斗部的普通型"地狱火"导弹，彻底将人车化为残骸。与以往打击行动造成大量平民死伤和部分建筑损毁相比，此次行动选择地势开阔的巴格达机场附近作为打击地点，使用带有动能战斗部的精确制导弹药，最大限度减小负面影响。同时，从多次连续空对地打击来看，美军无人机飞行、打击等操控人员配合密切，展现出沉稳的实战心理、丰富的作战经验和娴熟的作战技巧。

三是战后评估"细"。改进型的"地狱火"导弹附带伤害小，但增加了评估目标毁伤效果的难度，正因如此，美军安排了明显的杀伤评估行动。无人机全程锁定苏莱曼尼乘坐车辆，本土和一线指挥机构通过卫星精准定位、实时画面传输等方式监控打击过程；在无人机发射"地狱火"导弹摧毁车队以后，特战小队于2min内赶到现场进行拍照，搜剿车内资料，提取目标基因样本验证，使用"安全数据采集器"对其DNA、指纹进行比对，确保万无一失。整个"发现-跟踪-识别-打击-评估"的杀伤回路流程时间短、节奏快，从上级下达击杀命令，到命中目标，最后毁伤评估，只持续数十分钟，是真正意义上的高效杀伤作战。

尽管美军宣称，经过多年实战经验，已形成"无人机打击为主、有人机突防为辅、防区外大面积覆盖"的时敏目标打击体系，但从此次行动细节可以推测，美军在空中无人杀伤作战中尚未完全实现打击的精准化和手段的成熟化。一是跟踪分析不够细致。在该行动中，无人机发射第1枚导弹命中穆罕迪斯乘坐的头车，并非目标人物车辆。可能原因在于美军无人机夜间侦察对目标精准识别仍存在一定困难，无法确定目标乘坐车辆信息，若能精确掌握苏莱曼尼所乘坐的车辆，即可实现首发命中或双发命中。二是打击链路不够优化。无人机发射第1枚导弹后，100多米后载有苏莱曼尼的第2辆车紧急加速，第2枚导弹未能有效命中，直至第3枚导弹才命中该车。若空中无人杀伤链路足够完善，可抓住第2辆车加速的窗口时机实现补发命中。

2.1.4 作战启示

美军"狙杀"苏莱曼尼造成极大影响，也勾勒出当下及未来一段时期精确"狙杀"的主要方向（俄乌冲突中，乌军多次利用无人机对俄军高级指挥官实施"狙杀"行动，严重影响了俄军军心士气。甚至有西方媒体称：俄乌冲突是俄罗斯将军的"坟场"）。面向未来强敌对手挑战，战场环境在不断发生变化，强敌攻防体系更加完善，作战任务将更加艰巨。透过本次空中无人"狙杀"行动，对我军备战运用形成重要的启示。

1. 大力加强指技合一的人才培养

美军此次"狙杀"苏莱曼尼行动展现出各类指战员极高的专业技能和作战素质。随着武器装备的科技含量越来越高，战争正逐渐由"力"的角逐、"能"的碰撞向"智"的对抗转变，无论是指挥员还是战斗员，只有具备高超的指挥技能、专业的科技素质，才能取得未来战争的入场券。

一是指挥员要长于技术。要掌握必备的现代科技知识和新兵器、新战法、新理念，学会以"数"谋战，能够运用多源情报生成的大数据辅助决策指挥；推进以"智"谋战，掌握无人机等无人化智能化武器装备技术性能、工作原理和使用条件，最大限度优化整合现有武器和力量。

二是参谋人员要善用技术。会操作指控系统，熟练掌握一体化指挥平台、大数据系统和新型察打无人机各类辅助决策系统，提高作战辅助决策能力；会运用主战装备，熟练掌握敌我主战装备的战技性能、运用方式，提高贯彻指挥员决心、科学高效摆兵布阵、组织协同能力。

三是操作人员要精通技术。要抓紧补齐察打无人机操作员、情报处理、任务操控等岗位缺项，加强训练培养，使各类操作人员具备精湛的使用、特情处置技能，能迅速适应调整智能化武器装备控制使用过程，高效发挥武器装备作战效能。

2. 努力发展空中无人作战装备

美军历来重视高新技术武器装备发展，此次行动中再次大放异彩的MQ-9"死神"无人机，是其成熟技术的典型代表，在中大型察打一体无人机装备建设发展方面，美军始终走在世界前列，很大程度上助长了其霸权主义战略。这在引起我们警醒的同时，也启示我们必须注重在空中无人作战装备领域的建设发展。

一是加强空中无人作战装备总体技术研究。提出适合我陆军特色的空中无人杀伤作战概念，建立网络信息体系条件下无人空中打击和作战装备的数学模型及效能评估体系，利用系统工程等新技术构建体系级和数字化的无人杀伤体系模型，加快推动装备技术向实战运用转化，有利于加强对未来体系化空中无人杀伤作战流程优化研究，形成杀伤网质效。

二是加强空中无人作战装备形态创新研究。无人机已成为武器装备形态革新最活跃的领域之一，传感器与平台正深度融合，传感器与平台一体化隐身正成为现实。应在软件化、智能化和网络化等领域内加强形态创新和战略布局，做好提前谋划，凸显无人化配置、智能化运行和分布式集成等察打无人机装备的典型特征，不断提高作战平台功能的多样性与高效性。

三是加强空中无人作战装备协同作战研究。目前我军各类无人机装备技术性能差异巨大，装备和作战平台间的兼容性问题尤为突出，其核心是解决装备的互联性和互操作性问题。必须持续下大力攻克互联兼容的协同作战难题，积极探索察打无人机集群以及与其他作战平台实施联合作战的最佳战术方案，充分发挥各自优势，联结成相互配合、相互补充、相辅相成的有机整体，达到最佳联合作战效果。

3. 着力提升新质领域的练兵效能

美军之所以在此次行动中能够取得成功，与部队常年执行海外作战任务、高频实施"狙杀行动""特种破袭"经验丰富有很大关系，加之情报链路完整、武器装备性能优越、分队战术素养较高，往往能快速出击、一招制敌。从以往实践不难推断，只要对新域新质作战力量运用得当，其必将在未来局部战争中大放异彩。未来要特别关注察打一体无人机等新质战力的训练，通过大抓传统力量训练与新质力量训练的有机融合，夯实传统力量基础，拓展新质力量效果，探索空中/地面、有人/无人力量的高效协同配置，切实提升部队综合作战能力。

一是强化战备意识。立足现有手段，持续跟踪掌握强敌对手无人机建设发展运用情况，结合俄乌战场上无人机作战运用的新形式新战法，加强对美国无人机运用研判，做好反无人机隐秘杀伤预案修订完善和实案演练，建立健全并运行应急响应机制，确保遇到情况，能迅即反应、妥善应对。

二是落实战备要求。严格落实平战一体、战建一致要求，不断强化官兵"实战化"意识和"练为战"的思想，构建以遂行常态战备察打任务为牵引的无人机实战训练体系，科学划分训练周期、精选专业组训模式、严实课目训练标准，狠抓基础强化和专业训练，从严从难、从实战出发搞好空中无人作战单元编组训练和综合演练。要狠抓拿敌练兵、方案配套、设施建设、装备革新、战备秩序，严格落实应急行动综合演练、针对不同类型任务的专攻精练，不断提高指挥员的快速反应和应急处置能力。

三是大抓实战训练。按照"任务—行动—能力—训练—检验"的闭合回路，科学构建空中无人精确杀伤训练体系，抓实单兵单装体能常练、典型场景专攻精练、急需能力评估强练，探索"数据—态势—视频"远程指控新模式，在强化单兵单机作战效能发挥的基础上，从严从难从实战出发，搞好空中无人作战力量的协同训练和综合演练，扎实开展联合火力打击、联合实兵对抗演练，强化全域条件下各作战单元、火力集群、作战要素的综合作战效能。针对重难点课目展开强化训练和专攻精练，确保能够根据任务需要，摸清对手弱点要害，把握行动最佳时机，运用察打无人机精准定位打击目标，一体化评估毁伤效果。

4. 聚力构建稳固高效的情报链路

此次作战，美军利用多源情报侦察手段实现单向战场透明，而苏莱曼尼作为伊朗"间谍王"，理应具有很强的反侦察意识，为什么还是难逃被狙杀？根本原因在于在敌情侦察上存在盲区，没有注意己方情报信息的防护，致使美军通过多种手段搜集了大量情报，对其进行精准定位。由此可见，情报保障贯穿作战行动全程，主导指控决策、决定作战成败。美军之所以取得多次"境外狙杀"作战的全胜，关键是有全方位、全时域、实时化、高精度的情报支撑。

一是强化情报意识。情报系统是夺取信息优势、打赢未来战争的重要力量，我们要牢固确立"情报建设首位、情报瞄准强敌、情报支撑打赢"的指导思想，坚持把统筹情报建设作为重要工程，把推动情报准备作为备战打仗的关键环节，把瞄准强敌、研透强敌作为情报攻关的核心内容，强化情报首位、首用、首建的思维理念，引领和推动情报建设，立起强势大抓情报建设的鲜明导向。

二是注重情报积累。情报不会凭空产生，更不可能一蹴而就，无论情报侦察力量的培养、技术的掌握，还是体系手段的建设，都需要付出长期艰巨的努力。要强化"久久为功"意识，在点滴积累的基础上，展开经年持续跟踪、深入研析，切实对作战对手的军政动向、作战能力、优势弱项等核心情报信息，做到实时侦搜、动态更新、全程掌握，从战略高层到战术单元，都要把信息研判、强敌研究、情报运用、防间保密作为重点工作抓紧抓好。

三是建强情报体系。空中无人精确杀伤作战必须依托"大情报"体系，构建广域全维多源的情报侦察体系，引接融入各级情报侦察网络，建好用好航侦、信号、非通、人力、开源等侦察手段，综合布局境外力量，拓宽渠道、延伸触角、健全网络，增强情报信息的相互印证和去伪存真，提升情报精准度和实时性。在预定作战对手境内，提前预置侦察、联络、特战、线人等多种力量手段，在预定战场前沿和通道提前布设传感类侦察监视设备，在我预定纵深展开战备设施建设，修建无人机起降场、开设技侦阵地、构设电磁环境，确保遇有战事就能迅即启用，实时展开敌情动向侦搜，使战场对我军"单向透明"，掌握作战主动权。

2.2 纳卡冲突中无人机察打一体作战

2020 年，阿塞拜疆与亚美尼亚在纳卡地区爆发了新一轮大规模武装冲突，此次冲突中大量不同型号的无人机被使用，并在前线地带实施了一系列精确打击行动，取得了显著战果，向世界展示了无人机纵横现代战场的典型运用方式和巨大威力。

2.2.1 背景介绍

2020 年 9 月 27 日，炮弹尖锐呼啸，划过天空，亚美尼亚与阿塞拜疆在纳戈尔诺-卡拉巴赫地区（纳卡地区）爆发新一轮冲突，并迅速升级为两国自 1994 年纳卡战争结束以来规模最大、交火最为激烈的军事对抗行动。经过近两周交战，双方均声称给对手造成数以千计的人员伤亡和大量装备损失，同时也造成大量的平民伤亡和民用设施损毁。经过 44 天的激烈交战，2020 年 11 月 10 日，在俄罗斯、法国的调停下，亚阿两国在莫斯科达成人道主义停火协议，但此后纳卡地区依然频繁交火，仍看不到和平的迹象。纳卡地区位于南高加索，介于下卡拉巴赫与赞格祖尔之间，包含小高加索山脉的东南支脉。该地区多为山地森林，约 4400km²，在国际上被认为是阿塞拜疆的一部分。然而，纠葛不清的历史渊源、纷繁复杂的民族宗教冲突却使这一弹丸之地战火不断，其重要的地理位置，又使得这血火之中折射出大国博弈的明争暗斗。

1. 历史原因

1）时间的遗产——纳卡冲突的历史渊源

一切历史都是当代史，千年前的纠葛为今天的冲突埋下了伏笔。亚美尼亚与阿塞拜疆均位于外高加索地区，地理位置重要，高耸崎岖的山地在这里形成了天然的战略屏障。作为连接南俄罗斯平原与小亚细亚地区的狭长走廊，这里更成为历代军事强国拓展疆域的必争之地。而复杂的民族宗教纠葛，更使得矛盾难以调解，绵延至今。这里自古以来就是大国博弈的战场。亚美尼亚人很早就在外高加索形成了自己的民族，但古波斯的战车和亚历山大大帝的方阵先后成为这片土地的主人，罗马与萨珊波斯更是在此进行了两个世纪的争夺与交锋。阿塞拜疆民族形成较晚，起初信奉拜火教。在公元 7 世纪阿拉伯扩张过程中，亚美尼亚与阿塞拜疆均成为帝国的一部分，阿塞拜疆与大部分外高加索地区民族一道皈依伊斯兰教，而亚美尼亚人却仍坚持基督教信仰。随后波斯萨法王朝与奥斯曼土耳其帝国先后主宰这片土地，为了对付他们眼中的异教徒，帝国的统治者们鼓励信仰伊斯兰教的阿塞拜疆人西迁至纳卡并成为纳卡地区的主体民族，为之后的冲突埋下伏笔。近代以来，沙俄兴起，经过六次俄土战争的血腥争夺，俄军占领外高加索，为巩固统治，沙俄选择扶持信仰基督教的亚美尼亚民族，于是纳卡地区的阿塞拜疆人被驱逐，"回家"的亚美尼亚人再次成为这里的主体民族。苏联建立，为稳定南部边境（特别是土耳其方向），并安抚高加索地区强大的伊斯兰势力，本是亚美尼亚人聚居的纳卡地区被划归阿塞拜疆管辖。然而由于对当地经济和生活条件不满，纳卡地区的亚美尼亚人一直谋求将纳卡并入亚美尼亚，并与阿塞拜疆族人发生冲突。1989 年，纳卡地区民族矛盾达到极点，苏联解体后，民族矛盾迅速上升为阿亚战争，战斗中阿塞拜疆失利，纳卡地区形成事实独立。1992年在俄罗斯倡议下，欧洲安全与合作会议成立了由 12 国组成的明斯克小组，俄美法三国为该小组联合主席国，自此，有关纳卡问题的不同级别谈判在明斯克小组框架内陆续举行，但谈判未取得实质性进展。

2）无声的较量——冲突背后的大国身影

纳卡地区被称为高加索火药桶，牵涉多方利益，因此，外部力量的消长变化将对纳卡局势走向发挥重要作用，穿过此次战火的硝烟，大国博弈的身影愈发清晰。虽然冲突爆发后，不论是俄罗斯、美国，抑或是土耳其，都在第一时间呼吁交战双方通过和平对话解决争端，但各个国家的真实态度，却值得仔细玩味。土耳其方面，俄土两国外长就纳卡地区紧张局势升级进行了详细讨论，表示俄土双方愿为稳定局势紧密协作，以推动纳卡冲突的解决尽快重回和平谈判轨道。土耳其总统埃尔多安在社交媒体发文说："亚美尼亚又一次对阿塞拜疆发起攻击，再一次证明它威胁地区安全。"另有消息称一架土军 F-16 战机越境击落了一架亚方苏-25 攻击机。土耳其在国际舞台上表现活跃，不论是在叙利亚战场还是与希腊发生领土争端。据法国《观点》周刊网站报道，巴黎政治学院教授、高加索问题专家盖茨·米纳西安表示，这次冲突将会持续下去，因为有一个新角色上场了：土耳其。这个国家有意在高加索地区开辟继叙利亚和利比亚之后的第三条战线。土耳其的目的是在该地区引发混乱。在土耳其看来，高加索的这部分区域属于昔日奥斯曼帝国的范围，就像其瞄准的东地中海地区一样。土耳其素有建成世界性大国的强烈意愿，近几年土耳其的军事行动充分说明了这一点，而此轮纳卡冲突更是让其看到了恢复奥斯曼土耳其帝国荣光，将势力范围重新扩展至高加索地区的希望。然而不巧的是，虽然阿塞拜疆与土耳其有着同样的宗教信仰，比较亲近，但阿塞拜疆与亚美尼亚都曾是苏联的加盟共和国，均与俄罗斯关系密切，俄罗斯更是把亚美尼亚看作其南部方向的前哨阵地、保卫高加索地区的重要屏障。俄外交部多次强调反对外国武装分子进入纳卡冲突地区作战就是出于维护高加索地区稳定，防止恐怖分子回流的考虑。高加索地区虽然意义非凡，但俄罗斯受国内外诸多因素掣肘，不能在高加索方向全力投入，故而亚阿双方和平解决冲突对俄罗斯而言是最优解。这也是俄罗斯方面频频释放积极信号，表示愿为解决纳卡冲突提供沟通平台的深层原因。主动权更多掌握在土耳其等一些域外实力国家手中，纳卡局势似乎处于一个十字路口，冲突可能被化解搁置，但也有可能因为一些国家的插手而逐步升级，而这背后正是大国博弈的无声较量。

3）迷惘的前途——归属问题背后的政治考量

冲突爆发当日，美国白宫就公开表示美方"将尝试阻止双方冲突"，事实上尝试一直在进行，然而复杂的地缘政治因素和阿亚两国互不相让的立场使得纳卡地区归属问题难以解决。1997 年 9 月，俄、美、法作为明斯克小组主席国提出分阶段解决纳卡问题方案，即亚美尼亚先撤出纳卡以外的阿塞拜疆被占领土，然后就纳卡地位进行谈判。亚美尼亚予以拒绝，坚持纳卡作为一方参加谈判，并提出撤军与最终确定纳卡地位的一揽子解决方案。1998 年 11 月，明斯克小组又提出阿塞拜疆同纳卡组成"共同国家"的方案。阿方认为该建议赋予纳卡同阿塞拜疆平等地位而不能接受，主张纳卡在阿主权范围内享有高度自治。阿亚双方针锋相对的立场使得争端无限期延续，而特殊的地缘政治因素又使纳卡地区归属问题愈加复杂。正如布热津斯基在其《大棋局》一书中的观点，阿塞拜疆虽然面积有限，人口不多，但具有丰富的能源资源，在地缘政治方面也十分重要。它是装满里海盆地和中亚财富的大瓶的瓶塞。如果亚美尼亚与阿塞拜疆持续保持冲突矛盾，则俄罗斯南部整个高加索地区将时刻处于紧张状态，能极大牵制俄罗斯的注意力，使俄罗斯自顾不暇。而倒向西方的阿塞拜疆则可以为西方提供一条不穿过俄罗斯领土的输油管道，确保西方国家的能源安全。故而虽然美国目前仍呼吁和平解决，但不排除其在未来国内局势稳定后以外高加索地区为跳板，进一步采取措施遏制围堵俄罗斯的可能性。可见单纯的领土归属争端背后隐藏着深刻的大国政治考量，阿塞拜疆与亚美尼亚就纳卡地区的领土争端可能会暂时平息，但受大国战略影响，其最终解决仍旧遥遥无期。

2. 作战装备

TB-2 察打一体无人机（如图 2-12 所示）是一款由土耳其贝尔-马奇纳公司研发的中空长航时无人机。该机的主要特点：一是成本低，1 架无人机国际市场售价在 50 万美元左右，而 1 架 MQ-9 达到 3000 万美元至 1 亿美元；二是高空性能优（如表 2-1 所列），作战高度 5500m，最大飞行高度可达 8200m，超出一般便携式导弹和高炮射程；三是对地打击能力强，可挂载 4 枚小型空对地导弹，射程为 3km 的 MAM-C 半主动激光制导空地导弹和射程约 8km 的 MAM-L 半主动激光制导空地导弹，与之对比，我国的 AKD 系列空地导弹最大射程也是 8km，最新的 AKF 导弹的平均射程也为 8km；四是具备良好隐身性能，估算雷达反射截面积（RCS）为 0.1m² 左右（迎头方向）。

图 2-12 TB-2 察打一体无人机

表 2-1 TB-2 无人机战技性能

战 技 项 目	战 技 性 能
巡航速度/（km/h）	130
最大速度/（km/h）	220
任务半径/km	150
升限/m	8200
续航时间/h	27

亚军无人机仅有"起重机"、X-55 等小型装备，且功能单一，大多只能遂行侦察、引导炮兵攻击任务。反无人机作战装备主要有远中近程防空导弹和反无人机电子战系统等 40 余套，重点介绍其中 4 型：①S-300PS 远程防空导弹系统。20 世纪 80 年代服役，最大射程 90km，射高 25m~27km，同时具备防空与反导功能，该系统以拦截低空喷气式进攻突袭兵器为主，如歼击机、战术导弹等。②"山毛榉"中程防空导弹系统。最大射程 45km，射高 15m~25km，主要用于打击飞机、巡航导弹、空地导弹、直升机和无人机。2014 年 7 月曾在乌克兰东部，击落过马航 MH17 航班。③"黄蜂"近程防空导弹系统。最大射程 12km，射高 15m~5km，主要用于打击中低空飞行的战斗机和武装直升机。④"驱虫剂"-1 反无人机电子战系统。由俄罗斯 2016 年研制，

用于干扰无人机"蜂群"、集群的测控链路、导航定位和侦察感知，使无人机无法完成任务或偏离航线坠毁。系统采取全方位快速扫描测向，实现目标精确定位，最大侦察距离35km，最大干扰距离30km。

2.2.2 过程还原

亚美尼亚和阿塞拜疆在纳卡冲突中攻防作战大致可分为三个阶段：

第一阶段，陆战激烈交锋，亚美尼亚占据主动。战争初期，双方均动用坦克装甲车辆、火箭炮等武器，亚美尼亚军队攻势凌厉，击毁多辆阿塞拜疆坦克和步兵战车，阿塞拜疆军队一度陷于被动。

第二阶段，无人机介入战场，阿塞拜疆强势扭转战局。在土耳其、以色列等国支持下，阿塞拜疆军队大量使用了土耳其的"旗手"（TB-2）察打一体无人机、以色列的"哈比"-2巡飞弹、本土改进的安-2无人机，对亚美尼亚的防空系统、T-70坦克集群、炮兵阵地等进行毁灭性打击，一举扭转被动态势。虽然亚美尼亚军队也使用了"起重机"系列无人机、X-55无人机，但这些无人机只能用于近距离侦察、引导炮兵攻击，缺乏打击能力，在战场上发挥的作用有限。

第三阶段，电子战系统作用凸显，双方波折中实现停火。10月10日，阿塞拜疆与亚美尼亚达成停火协议，不久后再次爆发冲突；10月18日零时，双方约定开始停火，但也很快失效。10月19日，俄罗斯介入双方冲突，在亚美尼亚边界附近的俄罗斯军事基地部署"克拉苏哈-4"电子战系统，击落了9架"旗手"-TB2无人机。俄罗斯的介入严重削弱了阿塞拜疆无人机和巡飞弹的空中优势，加速了战争结束。11月9日，俄罗斯、阿塞拜疆和亚美尼亚三国领导人签署声明，宣布纳卡地区从11月10日零时起完全停火。至此，纳卡冲突结束。

结合作战进程及无人机具体表现，无人机运用主要表现在以下几个方面。

1. 战前准备阶段

阿军派出"苍鹭""赫尔墨斯""旗手"等多架无人机携带先进传感器，飞临目标区域进行侦察，获取防空系统的位置、电磁特征参数、周围火力配系和防御能力等情报，并将这些情报回传给指挥所，为实现战场透明和后续瘫痪亚军防空体系提供了翔实的情报保障。之后，阿军派出大量低廉的"安"-2无人机充当诱饵，对于亚军防空阵地实施佯攻，诱骗亚军防空系统雷达加电工作，指挥所综合分析情报进行敌情判断，分别确定攻击目标与打击武器，制定突防路线和打击战术。

2. 攻击实施阶段

"科拉尔"电子战系统对于预定防空系统的探测雷达、火控雷达释放大功率噪声和假目标信号，进行远距离支援干扰压制；同时各无人机利用纳卡地区的高山、峡谷等复杂地形对于雷达探测的遮挡作用进行低空、超低空突防。到达预定区域后，在"人在回路"的指挥控制下，"哈洛普"无人机主要对雷达、电子战系统等目标进行自杀式反辐射攻击，TB-2无人机发射激光制导导弹、炸弹对雷达、发射单元、指挥车等固定或时敏目标进行精确打击。作战初期，打击的重点目标是前沿地带的亚方防空导弹阵地，打掉其S-300PS、"萨姆"-8和"黄蜂"等防空武器，夺取制空权；获得空中优势后，精选亚方装甲车辆、有生力量、军政要员、重要设施等重点目标；作战中后期，阿军连续对部署在战线后方的亚军火箭炮、指挥所、运输车辆和行军纵队实施了精确打击，取得丰硕战果。

3. 效果评估阶段

目标区域临空的"苍鹭""赫尔墨斯""旗手""哈罗普"等无人机运用光电、雷达成像等侦察评估手段，通过通信链路向指挥所传输图像。情报人员对目标图像信息进行判读，并将情报回传至指挥所，指挥人员评估本次攻击效果之后，决定发起二次攻击或是返航。

2.2.3 运用分析

此次纳卡冲突虽然参战规模和对抗强度有限，但在世界无人机战史上创造了多个"第一"，我们应重新审视无人机空袭作战对于制空权夺取的重要意义，分析研究无人机压制防空体系的战术战法。

1. 以小博大，发挥奇效

阿塞拜疆主要使用TB-2察打一体无人机，摧毁了不少亚美尼亚坦克、装甲车和防空导弹系统，虽说被亚方击落了不少架，但战场交换率收效甚大。上百辆各种装甲车辆的毁伤和数十架不同飞行器被击毁和坠毁，甚至连俄罗斯的防空系统S-300也被击毁。这种作战强度，让这些年见惯了局部战争和武装冲突的人们感到震惊。

这战果的背后，来自土耳其TB-2无人机的突出表现。这款土耳其自行研发生产的无人机，在阿塞拜疆军队手中运用得可以说是出神入化。土耳其的TB-2无人机整体性能并不突出，但是在面对缺乏有效地面防空的亚美尼亚时却能"大显神威"。亚美尼亚的防空力量主要由"萨姆"-8、"萨姆"-13以及少量的S-300防空导弹组成，其中S-300导弹属于远程防空导弹，具备打击上百千米之内高、中、低空的各类型目标，只不过装备数量过少，需要执行打击阿塞拜疆战斗机任务，并没有防备无人机。由于疏于防范，冲突刚开始，S-300防空导弹就被阿塞拜疆的无人机击毁了。剩下的"萨姆"-8、"萨姆"–13 近程防空导弹最大射高只有 4000m，根本够不着在 6000m 高空巡航的无人机。从阿塞拜疆公布的打击画面显示，很多亚美尼亚近程防空导弹雷达还在运转中，就被无人机发射的导弹击毁了。

2. 诱饵佯攻，诱敌消耗

阿军继承与创新了 1982 年以色列、叙利亚贝卡谷地之战中诱饵无人机的战术战法，派出大量低廉的"安"–2 无人机充当诱饵，对于亚军防空阵地实施佯攻，诱骗亚军防空系统雷达加电工作，指挥所综合分析情报进行敌情判断，为"旗手""哈罗普"等无人机分别确定攻击目标与打击武器，制定突防路线和打击战术，并装订打击参数。这批无人机可以携带大量弹药，若亚军防空系统进行拦截，则会导致雷达、导弹发射架等重要目标提前暴露位置，随后遭到阿军 TB–2 无人机等新一波次的打击；若不进行拦截，则有可能被"安"–2 无人机进行自杀式攻击，造成损失。

3. 围点打援，追踪打击

阿军充分利用无人机隐蔽性强、滞空时间长、察打一体且能够作为战场通信中继节点的优势。阿军 TB–2 等无人机发现亚军防空阵地目标后，将情报信息通报给附近空域巡逻的苏–25 攻击机，由其发射导弹进行第一波次打击；随后，诱使亚军增援，并对增援之敌再进行第二波次打击。或者，当第一波次打击完成后，TB–2 无人机故意上升高度，诱使亚军认为毁伤评估完成并返航；随后，TB–2 无人机暗中追踪阿军伤员去向，一旦跟踪到亚军指挥机构或部队集结地等高价值目标，直接发射精确制导弹药进行打击，达到二次杀伤亚军的目的。

4. 信息支援，引导打击

阿军 TB–2 等无人机侦测到目标后，根据载弹量、毁伤能力等因素的限制，对于单个目标、小股部队等孤立目标，使用自身挂载的精确制导弹药进行自杀式攻击；对于大面积防空阵地、装甲集群等集群目标、分散目标，通过将目标情报信息回传地面指挥所，引导后方火炮、火箭炮或战斗机进行密集打击，最大限度地杀伤敌人，保存自身。

2.2.4 作战启示

察打无人机在纳卡冲突战场的作用凸显，直接影响整体战场的作战布局，无人机也将从战争辅助支援工具转变为可单独发挥效能的杀伤性主战装备，从单一平台作战转变到多机协同作战模式。纳卡冲突无人机的运用对无人机综合打击作战运用有深刻启示。

1. 融入体系，倍增无人机作战效能

从阿军大量使用察打无人机作战，到美军"机–特"一体袭杀苏莱曼尼，队组级战术行动得到的是战略情报、海空军、网电、舆论宣传等国家级力量支撑，每次作战行动都是典型的体系支撑下的"尖端放电"。未来无人机力量应融入战区联合作战体系之中，在统一指挥控制下，发挥察打一体优势，精准摧毁（引导摧毁）敌军政要员、防空系统、炮导阵地、通信枢纽、机场港口和时敏目标，并围绕无人机作战行动，统筹协调战略战役资源，组织电抗、远程火力、情报侦察，为察打无人机提供行动支撑，确保一招制敌。在大国交锋或高强度现代战争中，必须根据无人机效费比统筹使用，按需参战，最大限度发挥无人作战效能。强调体系配合、协同作战。注重无人机与无人机的协同、无人机与有人机协同、无人机与地面武器平台协同，区分高度、时间、路线，实现地面与空中无缝衔接、有人与无人密切配合，发挥体系优势。

2. 突出重点，发挥无人机侦打效能

从纳卡冲突无人机作战运用特点来看，阿军先期使用无人机打头阵实施制空战，优先制瘫防空系统，抢抓空中行动；接续使用无人机实施不对称拔点战，对亚军坦克装甲、火炮阵地等重要目标逐个"点名"，精确打击其重要作战部署，使亚军地面主战装备被动挨打、损失惨重；全程使用无人机实施心理震慑战，使用无人机超低空位亚军阵地上空盘旋，对亚军官兵形成极大心理震慑。未来作战，应区分阶段突出无人机作战运用。战役筹划阶段重在先期展开、动态监控，在战区方向建立300～1500km纵深的空中侦察配系，采取"指定区域常态侦巡、临机目标依令侦察、区域普察饱和覆盖"等方式，实现作战地域全面覆盖，重点监视敌重要目标活动和战场环境变化情况。战役展开阶段重在全维立体、侦打并举，使用无人机长时监视重点区域的目标活动情况，发挥其快速临空、实侦实传、全天候侦察、察打一体的优势，全时跟踪监视作战区域内敌机动雷达、防空导弹、侦察设施和机舰活动等重要目标，并查明敌军力整备、部队调动、武器阵位变化等情况，重要目标即察即打。战役实施阶段重在侦打结合、机动补盲，装载航渡时重点侦察敌防空制海武器、导弹快艇、武装直升机活动情况。突击上陆时重点详查敌临机设障、兵力变化和重要目标毁伤情况。纵深作战时采取"临空机查就近目标、备勤机查变化目标、伴随机查机动目标"等方式，查明敌反击兵力动向、南兵北援征候等情况。

3. 灵活战法，创新无人机实战运用

从纳卡冲突无人机战术战法运用来看，阿军既利用察打无人机执行情报、侦察、监视任务，又发挥无人机即时打击的优势，高中低搭配、不同机型协同作战，这是无人机精确作战模式的初级形态。未来作战，察打无人机种类更多，能完成的任务也更丰富，应考虑低空突防、高空侦察监视、察打一体、自杀攻击等特点，灵活采取伴动攻击、诱饵攻击、连续攻击、饱和攻击等战术战法，创新开发超常规使用方式，以最小代价获得最大作战效果。

2.3 沙特油田被袭无人机集群作战

2019 年 9 月 14 日凌晨 4 点，沙特阿拉伯第二大油田—胡赖斯油田和最大原油加工中心—布盖格炼油厂遭到胡塞武装数架无人机和巡航导弹空袭，使沙特阿拉伯石油产量每天减少 570 万桶，天然气日产量降低约 $56630000km^3$，占沙特阿拉伯油气日总产量的 50% 左右，并导致全球原油供应量短少接近 6%，全球油价上涨 10%。此次袭击可谓一次典型的无人机集群作战成功运用典范，给沙特阿拉伯带来了严重影响。

2.3.1 背景介绍

1. 历史背景

胡塞武装打击沙特阿拉伯东部油田有道义、战术以及战略三个方面的原因：首先，道义上，反击美国和以色列支持沙特阿拉伯在也门发动的侵略战争。2015 年 3 月，沙特阿拉伯在美国和以色列支持下介入也门内战，粗暴干涉也门内政。沙特阿拉伯使用美国提供的白磷弹打击也门胡塞武装，美国和以色列特种部队也参与了沙特阿拉伯联军对也门的地面行动，同时，美国、以色列和沙特阿拉伯还对也门进行全面封锁，药物无法进口，战争又引发遍布也门全国的瘟疫，战争和瘟疫导致大量伤亡和人道主义灾难，80 万也门儿童陷入瘟疫和饥饿威胁之下。同时，沙特阿拉伯在美国、以色列怂恿下支持也门境内极端组织伊拉克和黎凡特伊斯兰国（ISIS）和也门基地组织疯狂扩张，恐怖势力不断做大。胡塞武装信仰的什叶派与 ISIS 信仰的瓦哈比极端主义根本对立，胡塞与恐怖分子之间的斗争也是你死我活的存亡之战。美国、以色列和沙特阿拉伯这一系列举动全面破坏了也门的稳定与发展，胡塞武装当务之急就是要将沙特阿拉伯联军逐出也门，甚至不惜使用包括弹道导弹在内的武器打击沙特阿拉伯，将战火延伸到沙特阿拉伯境内也是要服务于这一目标。正所谓：善攻者，敌不知其所守；善守者，敌不知其所攻。其次，战术上，胡塞武装巧妙利用了沙特阿拉伯联军内讧加剧的战略时机主动出击，痛击沙特阿拉伯要害，时间选择精准，对沙特阿拉伯的心理震慑远超军事打击。最后，战略上，胡塞武装这次打击沙特阿拉伯，再次加剧了伊朗对沙特石油出口的封锁，进一步强化了伊朗主导的霍尔木兹困局，全面重创美国中东战略。

2. 目标环境

地理环境：此次袭击的胡赖斯油田深处沙漠腹地和布盖格炼油厂也远离城区，因此袭击目标孤立明显，便于侦测识别。

军事环境：沙特阿拉伯北部边境部署了 88 部"爱国者"防空导弹发射装置，其中 52 部是最新的"爱国者-3"。美军还有三艘装备了 100 枚"标准-2"导弹的驱逐舰正部署在波斯湾临近沙特海岸的区域。除了大量美制爱国者防空导弹以外，沙特至少拥有 17 座 AN/FPS-117 三坐标相控阵搜索雷达，以及 7 部 AN/TPS-43 三坐标、两波段（E/F）雷达。

布盖格（Abqaiq）所位于的达曼地区是沙特石油工业的中心，距离美军驻中东的第 5 舰队基地较近。沙特在此地的防御等级很高，达曼附近部署了 6 个霍克中程防空导弹连和 2 个爱国者远程防空导弹，最近的爱国者防空阵地距离油田仅为 5km。周边部署有 1 个美制"爱国者"PAC-2/3 阵地、3 个"天空卫士"高射炮阵地、1 个美制"霍克"防空导弹阵地、至少 1 个"沙欣"防空导弹连和一个连的瑞士"厄利空"GDF35mm 高炮，导弹数量超过500 枚，高射炮 100 多门。

遇袭油田南距也门胡塞武装盘踞地上千千米，东与伊朗隔波斯湾相望，周围不仅密集部署有霍克、法国"响尾蛇"以及 3 个营套的爱国者防空系统，而且由于距离美军朱拜勒、麦那麦两大海军基地以及宰赫兰空军基地均很近，大约 50~120km，因此石油设施将能够得到这些防空力量的充分协防。当时，美军还有三艘宙斯盾驱逐舰在临近沙特的波斯湾海域活动，因此被袭地域几乎集中了当前世界上最昂贵、最密集的防空武器系统。

3. 袭击企图

胡塞武装声明，打击沙特东部油田的行动被胡塞武装命名为"操作威慑平衡2"。拟于 9 月 14 日凌晨，用无人机和巡航导弹袭击沙特阿美石油公司的两处石油设施，诱发沙特石油产量减半，引发世界石油价格上涨。

4. 袭击部署

胡塞武装此次袭击主要部署的无人机包括：Qasif-3、Samad-3、Rased 无人机和长航时 Fotros 无人机（如图 2-13 所示），参与袭击还有大量的 Quds-1 巡航导弹。

2.3.2 过程还原

1. 袭击准备

在此之前，胡塞武装已经先后多次策划针对沙特的无人机攻击，自 2019 年以来具有代表性的事件如图 2-14 所示。

战技科目	战技性能
功能定位	可投掷炸弹、自杀式
续航时间/h	16~20
理论航程/km	150
飞行速度/(km/h)	150
最大航程/km	1200~1500（不挂弹）

(a) Qasif-3无人机

战技科目	战技性能
翼展/m	16
长度/m	8
最大航程/km	1700（不挂弹）
续航时间/h	24
作战任务	可实施电子干扰

(b) Samad-3无人机

战技科目	战技性能
巡航时间/h	24
最大航程/km	1450（不挂弹）
续航时间/h	2
理论航程/km	150
挂弹性能	可携带4枚空地导弹

(c) Rased无人机

战技科目	战技性能
续航时间/h	16~30
最大航程/km	2000
飞行高度/m	7620
隐身性能	仿制RQ-170
挂弹性能	可携带4枚精确制导导弹

(d) Fotros无人机

图 2-13　胡塞无人机

2019 年 5 月 14 日，胡塞武装宣布：使用 7 架 Qasef-1 无人机，对"沙特阿拉伯关键的石油设施进行了打击"。沙特阿拉伯对外表示，位于沙特阿拉伯首都利雅得所在的中部利雅得省两个石油管线增压站遭遇无人机袭击。袭击造成"有限损失"，实施袭击的无人机随后被控制。

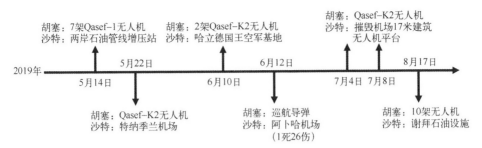

图 2-14 胡塞武装袭击沙特代表性事件

2019 年 5 月 22 日，胡塞武装再次出动 Qasef-K2 无人机对沙特阿拉伯南部的特纳季兰机场展开袭击，目标为机场内停放的沙特阿拉伯皇家空军战机机库。

2019 年 6 月 10 日，胡塞武装采用 2 架 Qasef-K2 无人机对沙特阿拉伯哈立德国王空军基地发动袭击。

2019 年 6 月 12 日，胡塞武装使用巡航导弹袭击了沙特阿拉伯西南部的阿卜哈机场，导致 1 人死亡、约 30 人受伤。

2019 年 7 月 4 日和 8 日，胡塞武装两次用 Qasif-K2 无人机袭击了沙特阿拉伯机场，完全摧毁了一幢 17m 高的建筑和一个无人机平台。

2019 年 7 月 17 日，胡塞武装使用 Qasef-K2 无人机袭击了吉赞机场，准确击中目标，并导致机场空中交通中断。

重点关注的是，2019 年 8 月 17 日，胡塞武装用 10 架无人机袭击了沙特阿拉伯的谢拜超巨型油田，该油田产量为 100 万桶/天。根据胡塞武装声明，这次袭击事件就是"操作威慑平衡-1"，其袭击目标是谢拜超巨型油田的油井及其主要炼油厂。谢拜油田位于阿联酋与沙特交界附近，是沙特阿拉伯最大的油田之一，其与也门的距离大于 2019 年 9 月 14 日遭到胡塞武装袭击的两个油田到也门的距离。此次袭击被认为是"9·14 事件"的预演，尽管这次袭击并未造成更大伤害，但此次袭击本身就证明了无人机导航定位、任务规划、飞行控制等方面技术已经达到了相当水平，具有大纵深精准打击能力。

2. 袭击进程

侦察渗透：2019 年 9 月 14 日之前，胡塞武装利用长航时 Fotros 无人机对沙特石油设施进行多次空中侦察拍照。趁着沙特联军注意力被吸引到其他地区，胡塞武装利用沙特边境防御漏洞，抽调大批精锐，提前 2 个月秘密渗透到沙特境内的奈季兰以南地区潜伏待命。

集群出击：由于航速和航程不同，Qasif-3、Samad-3、Rased3 种 18 架无人机是在不同地点起飞的，3 架 Qasif-3 无人机从也门与沙特边境吉赞山区起飞；10架Samad-3无人机靠近沙特南部的也门萨达省山区起飞；5架Rased无人机从沙特南部奈吉兰省与也门接壤的亚什沙漠起飞，其中4架无人机飞向胡赖斯油田方向，1架Rased无人机侦察、2架Qasif-3无人机攻击、1架Samad-3无人机电子干扰；剩余14架无人机则奔向布盖格炼油厂，1架Rased无人机侦察、12架Qasif-3无人机攻击、1架Samad-3无人机电子干扰。

由于Rased无人机航程相对较短，不排除是胡塞武装渗透人员在沙特境内，在无人机航程范围内起飞，位置相对比较灵活。

胡塞武装7枚Quds-1巡航导弹从也门西部山区一次发射升空，4枚巡航导弹飞向布盖格炼油厂，3枚飞向胡赖斯油田方向。

压制突防：无人机集群突袭的航路也经过精心规划，机群飞行路线选择沿也门西北空域进入沙特，再飞越鲁卜哈利沙漠，尽量将航路规划到远离沙特西南重镇哈密斯-穆沙伊特为中心的西南防空作战区域，最后在利亚德西部沙漠进入最终攻击段。Rased无人机从270°~330°方向进入的可能性最大，一是该方向防空力量相对薄弱，二是更利于与巡航导弹、无人机之间形成协同作战。

7枚巡航导弹经过路径规划沿沙特红海平原向北迂回，先飞越塞拉特山区，再由西向东低空飞行有效规避沙特防空区。为保证攻击精度，巡航导弹末端尽量不机动，因此quds1巡航导弹末端航路应该在西北方向，尽可能避免被沙特雷达过早预警发现，全程超低空。

布盖格方向：为掩护巡航导弹，Qasif-3和Samad-3两款无人机应该与巡航导弹航路一致，全程超低空。由于无人机速度不如巡航导弹，计算飞行时间，无人机和巡航导弹从不同地点起飞，保证无人机与巡航导弹同时到达目标上空，同时攻击。

胡赖斯方向：按照尽量缩短航程、尽量减少被发现概率，Qasif-3和Samad-3无人机按照90°~100°方向进入全程超低空，与布盖格方向从不同方向进入，形成两路夹击态势，形成相互掩护的目的，从而企图达到影响延迟沙特判断主攻方向的决心。

两个方向的Rased无人机依然全程超低空，与巡航导弹、无人机同时达到目标上空。

自杀袭击：凌晨3时56分，沙特防空部队部署在东部城市达曼西部的AN/FPS-117预警雷达发现了来袭的巡航导弹，但此时巡航导弹已经抵达了布盖格炼油厂附近上空，并以约100m的相对高度奔向目标，沙特防空系统未能及时开火，7枚巡航导弹相继完成对布盖格炼油厂和胡赖斯油田的打击。3枚巡航导弹没有击中目标，其余4枚均击中目标。其中，飞向胡赖斯油田的2

枚巡航导弹没有击中目标，1 枚坠落在目标以北的沙漠，同时自杀式无人机则对其造成 1 处损伤。从布盖格炼油厂受损情况看，其中 3 处损伤由巡航导弹造成，剩余 14 个则为无人机自杀式撞击造成。

3. 袭击结果

重创沙特核心石油产业设施，达成作战企图。①布盖格炼油厂作为袭击重点，有 17 处损伤，胡赖斯油田也有 2 处；②每天减少 570 万桶，占沙特油气日总产量的 50% 左右，并导致全球原油供应量短少接近 6%，全球油价上涨 10%。

错失防空侦测拦截即时优势，全面防御失利。沙特在达曼附近共部署了 8 枚美军的"爱国者"防空导弹，虽然其最大拦截高度超过 40km，但是最低却只能拦截不低于 80m 的来袭目标，因此并未发挥预期作用，致使沙特重兵防御的心脏地区仍然遭到了无人机的袭击。在无人机接近炼油厂之前，"爱国者"系统便发现了无人机，并发射了 6 枚"爱国者"导弹，然而结果这 6 枚导弹全部打偏。

塑造无人集群作战典范案例，作战效果显著。①多元多型无人集群协同。无人机与巡航导弹多元联合作战是此次袭击事件的一个亮点。面对敌方全方位、多层次的防御体系，要实现对敌方关键目标的精确打击，利用无人机与巡航导弹集群多元联合作战，可充分发挥无人机自主灵活和巡航导弹生存能力强等特点，实现武器平台的优势互补，极大提高巡航导弹饱和攻击的作战效能；②无人集群饱和袭击运用。胡塞武装利用 3 种无人机从也门不同的地点起飞，航路经过了精心规划，在电子压制设备无人机的保护下，从多个地点抵近目标。无人作战集群类型多、样式多、速度快，通过灵活的作战运用，充分发挥技术和谋略相结合的优势，取得比传统兵火突击更好的效果。

2.3.3 运用分析

无人机集群与巡航导弹协同作战是这次袭击的一大显著特点。沙特在其境内部署有严密的防空系统，尤其是从美国引进的"爱国者"系列防空武器系统。巡航导弹在面对全方位、多层次的防御体系时，往往突防能力不强，同时由于其飞行距离较远，如果只有卫星一种导航方式，容易受到针对性干扰，从而降低精度。无人机和巡航导弹的协同可以有效弥补这些缺点，一方面可以通过电子压制干扰使防空力量预警失效或延长时间，提高巡航导弹的突防概率；另一方面通过无人机先行到达提供目标信息更新，提高巡航导弹的打击精度；通过对目标毁伤评估，可为整个行动的火力打击效果进行评估提供依据。

1. 主要战法

胡塞武装灵活采取"多元隐秘侦察、低空隐秘突防、协同隐秘袭击"的战法，创新开发超常规使用方式，以最小代价获得最大作战效果。胡塞武装面对敌方全方位、多层次的防御体系，首先优选打击目标，选择深处沙漠腹地的胡赖斯油田和远离城区的布盖格炼油厂作为袭击目标，一方面，袭击目标孤立明显，便于侦测识别，形成"地利"优势；另一方面，袭击目标掌控沙特约一半原油的日产量，便于形成"震慑"优势。其次，为有效达成作战企图，胡塞武装通过秘密渗透侦察、长航时无人机侦察等多种手段获情，充分掌握沙特防空部署，尤其是目标周边的力量部署。同时，胡塞武装利用无人机与巡航导弹集群多元联合作战，充分发挥无人机自主灵活和巡航导弹生存能力强等特点，实现武器平台的优势互补。为确保无人机与巡航导弹集群多元联合作战的打击效果，极大提高其饱和攻击的作战效能。根据各种武器之间航速和航程不同，精心设计航线、起飞地域，确保能够同时到达目标地域实施攻击；在航线设计中，分成不同批次、不同方向，形成相互掩护的目的，从而企图达到影响延迟沙特阿拉伯判断主攻方向的决心，进而达到战术掩护目标；在无人机集群中伴随有电子压制无人机掩护无人机群顺利到达目标区域。无人作战集群类型多、样式多、速度快，通过灵活的作战运用，充分发挥技术和谋略相结合的优势，取得比传统兵火突击更好的效果。

2. 胡塞武装成功经验

1）优选目标，多元隐秘侦察

胡塞武装此次袭击的胡赖斯油田深处沙漠腹地和布盖格炼油厂也远离城区，因此袭击目标孤立明显，便于侦测识别，形成明显"地利"优势。同时，胡赖斯油田作为沙特阿拉伯第二大油田，布盖格炼油厂作为沙特阿拉伯最大原油加工中心，对两个目标若能形成有效损伤，可以对沙特阿拉伯经济、人心、政治等多方面造成严重影响，袭击目标意义深远。

为了有效完成作战企图，胡塞武装通过秘密渗透侦察、长航时无人机侦察等多种手段获情，充分掌握沙特阿拉伯防空部署，尤其是目标周边防空力量部署。

2）精设航路，低空隐秘突防

结合沙特阿拉伯防空部署情况：被袭地域部署了6个"霍克"中程防空导弹连和2个"爱国者"远程防空导弹，周边部署有1个美制"爱国者"PAC-2/3阵地、3个"天空卫士"高射炮阵地和1个美制"霍克"防空导弹阵地，导弹数量超过500枚，高射炮100多门。几乎集中了当前世界上最昂贵、最密集的防空武器系统。

从受损情况看，每个罐体都被打穿一个洞，弹着点均处于罐体的左下方，末端弹道为西北方向，可以推算，整个集群作战任务航线经过精心设计。

3）深谋战术，协同隐秘袭击

此次袭击综合运用无人机群和巡航导弹联合打击，确保打击效果和打击预期，虽然它们之间航速和航程不同，精心设计航线、起飞地域，确保能够同时到达目标地域实施攻击；在航线设计中，分成不同批次、不同方向，形成相互掩护的目的，从而企图达到影响延迟沙特阿拉伯判断主攻方向的决心，进而达到战术掩护目的；在无人机集群中分别在其中加入电子对抗无人机，对沿途可能遭遇预警探测雷达进行持续低空压制，确保无人机群顺利到达目标区域。

3. 沙特防空失败教训

1）未成体系，全面防御手段薄弱

"爱国者"导弹所使用的相控阵雷达火控系统，号称有160km的探测跟踪距离，其实也是相对于高空目标而言。胡塞武装所使用的小型无人机提前规划了航路，低空低速，而且采用曲折迂回航线的方式进行防空突袭。针对这类目标，"爱国者"导弹只有不到40km的拦截距离。如果无人机能够利用地球曲率和雷达扫描盲区而进入雷达探测死角，到了末端更是采取50m以下的超低空飞行，那么"爱国者"导弹根本不可能探测到，而这实际上也是目前沙特阿拉伯防空体系的通病，对于体积大、速度快的导弹具备较强拦截能力。对于雷达反射面小，飞行高度又太低的目标则很难进行拦截。在拦截弹道导弹模式中，"爱国者"的雷达波束必须以高仰角扫描，而拦截巡航导弹时，则必须紧盯地平线快速扫描，两者很难兼顾。在阵地部署上同样如此。如果用于拦截弹道导弹，"爱国者"的雷达需要部署在保卫目标的后方（因为弹道导弹的末段再入角很大），但是如果来袭的是巡航导弹，那么雷达视线就会被保卫目标所遮挡，特别是这些目标如果是沙漠中的大型油罐，炼油设施，还会有非常强烈的杂波，就更不容易拦截。

对于低空突防类飞行器，要想有足够的预警反应时间，需使用高、中、低全空域雷达组成的预警监控网络，上到卫星天眼，下到地面战术单位小雷达组网，还有固定大功率雷达、飞行值班的空中预警机等。沙特号称土豪狗大户，有的是钱，可是想建立这种级别的监控预警体系，还差很多。

尽管目前沙特阿拉伯装备了一定数量的美制 AN/FPS-117 和 AN/TPS-43 预警雷达，这些雷达的探测指标都很好，最大探测距离都是400km起步，但这是针对万米之上的高空目标，受制于地球曲率的影响，加之沙特阿拉伯又缺少能够提高这些雷达地空覆盖范围的高山雷达阵地，导致这些雷达的低空、超低空覆盖范围很有限。如果部署在地面，根据其天线高度的不同和目标飞行高度的不同，其对超低空目标的探测距离通常只有40km上下。这样，为覆盖沙特阿拉伯全境，就需要每隔80km左右部署一部雷达。这只是理论上的探测距离，有些雷达的低空性能并不出众，探测高度只有几百米，即使部署了这样的雷达，对超低空目标也无可奈何。

2）疏于防范，协同战备训练不足

如果沙特阿拉伯的预警雷达网没能探测到目标，防空导弹系统和高炮系统就不能捕捉到目标，主要受两个因素的限制，一是连续工作时间的限制，这些系统平时不是24h全天开机，二是平均无故障间隔时间的限制。火控或者炮瞄雷达比通常的情报雷达的复杂程度要高很多，因此它的连续工作时间较短，而平均无故障间隔时间也比较短。这就决定了各国的防空导弹和火炮系统不会全天24h开机。这就是美国方面所说的"间或"发生作用的原因。只有待雷达情报网发现目标后，才会启动这些防空系统。

"爱国者"-3导弹拦截系统，它的火控雷达作用范围有限，不可能24h不间断开机，因此还必须仰仗沙特阿拉伯境内的防空搜索警戒雷达。只有当警戒雷达发现目标并发出预警，"爱国者"-3防空导弹系统才会打开自身搜索雷达进行跟踪定位，继而指引导弹进行拦截。沙特阿拉伯军队防御懒散，防空系统也没有实现全区域覆盖，无人机钻了空子也就不足为奇了。

用"爱国者"导弹打无人机，主要是依托导弹配套的雷达性能先进，可以迅速搜索目标。这种拦截导弹的部队水平和素质，关键表现在搜索、发现目标的反应速度上。同样一个"爱国者"导弹阵地，在以色列军队手里可以打人，在沙特军队手里就只能被人打，区别就在二者之间反应速度上。

"爱国者"导弹配套的雷达也不是万能的，有所有雷达的通病，受地球曲率影响，无人机低空飞行模式下，雷达探测距离只有40km，无人飞机也是飞机，40km的距离预警时间几乎很短，若不是始终保持高度警惕性，随时做好战斗准备的精锐部队，基本都没有什么实质性的预警意义，因为根本没有反应时间。

E-3预警机的机背预警雷达对于中高空目标最大探测距离达到650km，对于低空目标约400km。沙特阿拉伯平时备战准备不足而且士兵对新武器也没有熟练掌握，且受夜间袭击影响，沙特阿拉伯军队并没有常态化利用预警机进行空中监视巡查。

2.3.4 作战启示

此次攻击行动，胡赛武装以18架成本低廉、性能相对落后的无人机取得重大战果，从中可以窥视未来无人机集群作战的优势特点和制胜机理，并提炼其作战要点。

1. 优势特点

从此次案例中我们也能够深刻体会无人机集群作战的明显优势。

功能分散。系统没有主导节点，一旦集群中任何个体消失或丧失功能，整个群体依然有序地执行任务。

体系生存率高。无人机集群具有"无中心"和"自主协同"的特性，集群中的个体并不依赖于某个实体存在、特定的节点运行。在作战过程中，当部分个体失去作战能力时，整个无人机集群仍然具有一定的完整性，仍可继续执行作战任务。

费效比低。随着工业技术和现代战争的不断开展，各式武器装备造价呈现指数增长趋势，但基于人工智能技术的无人机系统造价越来越低，性能越来越好，且无人员伤亡，相对于价格昂贵的有人系统，将无人机系统作为消耗品都不为过。因此，综合考虑费效比因素，一方面，无人机集群作战可能以大量消耗对方昂贵武器系统为代价换来安全防护。另一方面，无人机集群可通过低价值、低成本的无人机系统换来高价值作战目标。

2. 制胜机理

低耗制胜。无人机集群作战以其低费效比作战优势得以被广泛关注，因此低耗作战产生"高价值"作战用途将始终作为其制胜的一个重要资本。

以量制胜。无人机集群作战通过将大量的"低成本"无人机系统聚合，以庞大数量规模实施饱和攻击，致使地面防空陷入"看不见察不到，看得见打不中，打得中打不完"的被动局面，是其制胜的重要法宝。在陆战场网络信息体系的支持下，形成作战集群，按照预设的模式和方式对敌高价值日标实施集群攻击，可颠覆现有攻防对抗体系的平衡态势，通过低成本数量上的优势制胜。

智变制胜。无人机集群作战通过将无人机系统以"群魔乱舞"形式组态编队，能够根据战场形态和任务需求变化，动态规划作战路线和作战方式，是其战场制胜的关键点。

无畏制胜。无人机集群作战装备具有不惧死亡、不怕疲劳等潜在无限制的持续能力，在高温、高寒、高污染（核生化污染）等恶劣环境中，能够以超过人类生理、心理极限的速度做出反应，还可长时间近距离实施侦察监视、精确打击、电磁摧毁、网络攻击，英勇无畏地完成人难以完成的高危险和高强度作战任务，不断增大己方的心理优势，加大敌方的心理恐慌，以极大降低己方人员伤亡，甚至实现"零伤亡"。

3. 作战要点

1) 以小博大，集群优势提高打击效能

无人化作战装备不断向小型化、灵巧化、低成本化、集群化方向发展，在战场网络信息体系的支撑下，形成类似蜂群、蚁群、狼群等作战集群，按照预设的模式和方式对敌高价值目标实施集群攻击，可颠覆现有攻防对抗体系的平衡态势，通过低成本数量上的优势制胜。

2) 多元联合，优势互补增强作战能力

多元联合是无人化作战的一种主要方式。战场上，多元联合可采取相同类型作战力量协同或者不同类型作战力量协同等多种形式。如在胡塞武装袭击沙特油田实践中，优先使用无人机展开侦察行动，而后无人机与导弹联合攻击目标，取得重要战果。不同作战力量各具所长、优势互补、双向互动，才能实现协同作战效益的最大化。无人作战平台具有不需要人在现场，自身适应高温、高寒、高污染（核生化污染）等恶劣环境能力强，能够承担有人作战力量无法执行的高危险和高强度作战任务等特点。

3) 体系支撑，集群行动融入联合作战

集群作战是体系与体系之间的对抗，无人作战行动的组织和实施过程涉及的是大体系的支撑。与传统作战模式相比，无人机集群作战运用方式，在时域上能持续高效，在空间上能覆盖死角，在任务支持上涉及侦-控-打-评-保各个环节，最终实现全方位打击。此外，集群行动融入联合作战还在提升特定性能、增加作战灵活性、减少人员伤亡、降低全寿命周期成本等方面具备不可替代的作用，可为体系制胜提供重要支撑。

2.4 俄乌冲突中无人机自杀袭击

随着俄乌冲突持续及战场态势演变，双方消耗了大量武器装备，其中，自杀式无人机以其成本低廉、使用便捷等优势，被大规模、批次化、高频率地应用，主要用于追踪和猎杀对手坦克、自行火炮等高价值目标，或以集群行动的模式对敌后方基础设施发动空袭，并形成了出人意料的战果，对战争进程产生了重要影响，在一定程度上体现了无人机实战运用的新趋势，值得高度关注。

2.4.1 背景介绍

1. 作战背景

随着俄乌冲突持续发展，大规模的杀伤战已逐渐被小规模的袭扰、战壕战所取代，大型高价值无人机也逐渐淡出战场视野，而低成本、自杀式无人机无疑是双方战场消耗性武器装备中发挥效能极为显著的杀伤利器。实际上，自杀式无人机在俄乌战场上的广泛运用也有其深刻的背景过程，在运用动机上可以追溯。一是从时间上来看，俄乌冲突自开战以来已历时较长，从一个寒冬持续到另一个寒冬，时间跨度极其长久，未来何时能够停止冲突却依然未见端倪，因此双方不能不考虑持久消耗战下的成本控制与武器效能；二是从空间上来看，俄军最初一路从俄乌边境攻入乌克兰首都基辅，又从基辅退回到边境卢甘斯克、顿涅茨克等重点城市地域，目前乌军已经把战火蔓延到俄罗斯境内的重要军事目标袭击。作战空间涉及的不仅仅是陆地、空中，还有黑海上的作战对抗，双方作战空间区域跨度尤为广阔，因此高机动跨域地形地貌的自杀无人机应用优势显著；三是从作战力量上看，在这场耗时如此久、蔓延如此广的一场冲突中，几乎每天多地都在爆发大大小小的激烈战斗，消耗大量武器装备，乌军已倾其库存武器装备，并加大寻求外部支援，维持战场消耗，而俄军同样也是从传统武器装备打到现代化精确武器运用，俄军在投入最先进的"猎户座"察打一体无人机取得战果有限后，开始广泛使用小型战术无人机，但双方均未大规模出动战斗机，未发生高烈度制空权争夺，加之后勤补给线等野战区域防空体系不够完备，为自杀式无人机提供了相对宽松的使用环境，使之大量运用成为可能。

2. 主要装备

1）俄军

俄军在战场上主要投入使用了"柳叶刀""立方体"（KUB）和"天竺葵"-2等自杀式无人机。

（1）"柳叶刀"无人机。

"柳叶刀"无人机（如图2-15所示）既属于巡飞弹武器，又是一种自杀式无人机，由卡拉什尼科夫集团旗下子扎拉航空公司研制，2019年首次亮相，经过多次升级，最新型配备侦察、导航、通信等模块，主要执行目标搜索及打击任务，也可执行情报收集、导航和通信任务。飞行时间60min，最大载弹量5kg，通常携带高爆破片弹头或聚能破甲弹头，作战半径40km，飞行速度80~110km/h，在夜间可以在50~250m高度上避开障碍物飞行。该改进机型机翼可折叠，有专门的储运发射箱，一次可多联装发射，同时打击多个目标，并增强了抵抗电子干扰能力，成本约5万美元。2022年7月，俄方称更新版"柳叶刀"无人机在战场上得到使用，主要用于打击乌克兰方面的炮兵阵地及隐蔽在林地和建筑物内的武装人员，俄方披露该无人机应用战场一年多来，摧毁乌军600多个目标，其中包括500余个坦克和火炮等装备。

图 2-15 "柳叶刀"无人机

（2）"立方体"（KUB）无人机。

"立方体"（KUB）无人机（如图 2-16 所示）同样是扎拉航空公司于 2019 年推出的自杀式无人机，采用三角翼气动设计，具有扁平式设计和圆柱式主体，尺寸 1210mm×950mm×165mm，有效任务载重 3kg，飞行速度 80～130km/h，续航时间约 30min，作战半径 40km，电动发动机驱动，声学特征小，单价在 2000 美元左右。

图 2-16 "立方体"（KUB）无人机

"立方体"（KUB）无人机可携带多种战斗部，杀伤半径在 15m 左右，爆炸威力和 82mm 迫击炮类似，本次冲突中使用了钢珠杀爆战斗部。同时，目标载荷可以发送光学图像，还配备了人脸识别功能，可以对重要目标人物实施"狙杀行动"。"立方体"高精度打击无人机操作简单，精度高，弹头质量高达数千克，这和 120mm 迫击炮的装药量相当。该巡飞弹药的爆炸威力是相当大的，通过垂直俯冲从上半球攻击目标的方式，尤其能够有效毁伤轻装甲装备、车辆、机枪阵地和反坦克导弹阵地。

（3）"天竺葵"-2无人机。

"天竺葵"-2无人机（如图2-17所示）是俄罗斯从伊朗引进的一型自杀式无人机（伊朗国内称"见证者"-136）。

图2-17　"天竺葵"-2无人机

该机采用三角翼布局，弹体总长3.5m，翼展2.8m，质量约200kg，采用了功率更大的汽油活塞发动机，由两叶螺旋桨驱动，航程更远、飞行速度更快，飞行速度150~180km/h，最大升限4000m，航程在1000km以上，可从卡车发射器快速发射。"天竺葵"-2无人机在4000m高度飞行时，能够有效规避乌军轻武器和小口径高炮的射击，即使是红外制导的便携导弹也很难击落。"天竺葵"-2无人机成本价值不到2万美元。乌克兰在几个月的时间击落30多架"天竺葵"-2，价值40万~80万美元，而为此消耗的防空导弹，却高达2800万美元。从这个角度看，"天竺葵"-2无人机的作战价值不仅在于攻击地面目标，还有消耗敌方防空导弹的作用。在某些情况下，这种"消耗防空弹药"的作战价值甚至更高，能够直接削弱乌克兰的持久防空火力。随着乌军干扰能力不断增强，俄方已通过加强多种导航方式提高抗干扰能力，甚至在自身"彗星"-M导航基础上，还借助乌军民用通信基站导航定位，重点提升多元导航抗干扰能力，从而给乌军反制作战带来极大困难。

2）乌军

乌军主要用的是外军提供的"弹簧刀"（Switchblade）系列、"纸板"无人机等。

（1）"弹簧刀"-300。

"弹簧刀"-300（如图2-18所示）旨在打击较小的目标，它被设计成一种可消耗性巡航弹，以加强排级步兵部队的精确火力功能。它长 0.5m，质量为 2.5kg，战斗部 500g 左右，它小巧轻便，一名士兵即可携带，造价约 6000 美元。"弹簧刀"-300 射程在 10km 以内，小尺寸使其续航时间限制在 10min 之内，这使它不适合担任侦察任务，但对于低成本打击远程目标和协助解救被敌人火力压制的部队很有用。"弹簧刀"-300 无人机弹头是专为控制火力而设计，可通过集中爆炸减少附带损害。它具有向前发射的霰弹枪爆炸效果，而不是 360°爆炸，将弹丸投掷到导弹本身正在行进的同一矢量上，它可以在预定高度引爆，可以在飞行中进行调整。

图 2-18　"弹簧刀"-300 无人机

（2）"弹簧刀"-600。

"弹簧刀"-600（如图 2-19 所示）旨在打击坦克和大型装甲车辆，该无人机质量为 22.7kg，是便携式的，可在 10min 内安装完毕。它可在 20 分钟内飞出 40km，然后再徘徊 20min（使其总射程达到 80km）。它以 185km/h 的冲刺速度进行攻击，携带一个"标枪"反装甲弹头，旨在打击装甲车辆。"弹簧刀"-600 由发射筒发射，可灵活部署在地面、空中或海上平台上。从防区外发射时，它能够将飞行控制、目标跟踪打击融为一体。升空后，"弹簧刀"-600 无人机即可实现"发射后不管"，在战区上空游弋和锁定目标后，以大约 213km/h 的俯冲速度奔向目标，其携带的多用途反装甲弹头可从多个角度精准打击固定或移动装甲车辆，将附带损伤最小化。

（3）纸板无人机。

澳大利亚 SYPAQ 公司向乌克兰提供的大量 Corvo PPDS 纸板无人机（如图 2-20 所示），既是一次性消耗军用品，也可以自行回收再次使用，可以由士兵手抛射发射或者轨道发射，造价只有 680 美元。整个机体由硬化蜡浸硬

图2-19 "弹簧刀"-600无人机

纸板制成，在保障机体强度的同时，不怕雨水和雪水的浸染，拥有冗余备份导航系统，即便是GPS定位信号被俄军干扰了，也可以按照预定线路继续飞行。翼展1.2~1.5m，具备了出色的滑翔能力，机翼和机身的固定，采用强化橡皮筋固定，可以更快地组装，在10min内就可以展开快速部署并发射。最大航程120km，巡航速度40km/h，末端冲刺速度46km/h，动力装置为电池驱动，在200m的高空几乎无法听到声音，红外特征极小，雷达反射波也非常小，外加低空、低速飞行，它几乎是现在军用雷达无法预警并发现的，配置有军用级别的导航系统，有效载荷是5kg，比其自身的空重还要大，可以挂载侦查设备执行侦查任务，也可以挂载非制导炸弹执行轰炸任务，更可以直接安装碰炸或空炸引信战斗部，执行自杀攻击任务，可以自主对目标进行攻击或由后方操作手遥控操作攻击。

图2-20 Corvo PPDS纸板无人机

当然，Corvo PPDS纸板无人机采用涂蜡硬纸板材料也有不足，与其他硬质复合材料壳体以及机翼相比，其强度会弱很多，Corvo PPDS纸板无人机的垂直尾翼上连方向舵都没有，改变航向是依靠两侧副翼的差动来完成，导致该机的机动能力较差，大多数情况下主要是直线飞行。

（4）FPV 穿越无人机。

FPV 穿越无人机（如图 2-21 所示）的模块间采用卡扣、插拔、折叠等简单快捷的组配方式，载荷模块与飞机平台之间采用标准化接口设计，具有较强的可更换、可替代性，维护简单或无须维护，装配时间均在 10min 内，甚至是即插即用，整机轻小便捷，质量不超过 30kg，便于单兵携带，快速响应任务需求。自杀式穿越机在技术成熟的 FPV 飞行眼镜加持下，形成"沉浸式"作战，操控更为直观。

图 2-21　FPV 穿越无人机

2.4.2　过程还原

自杀式小型无人机在俄乌战场中展现出了强大的军事效能。一方面，俄方将大量自杀式小型无人机投入俄乌战场，对乌克兰重要机场、仓库、防空系统、雷达站等军事设施开展空袭行动，对基辅形成较大军事压力。例如，俄军在正面战场中大量使用自杀式小型无人机对基辅进行多次全天时轰炸。10 月，俄军在特别军事行动区中首次使用"伊塔尔马斯"新型远程自杀式无人机，并成功击中乌军武器库。另一方面，乌军利用自杀式无人机突袭俄核心地区和主战装备等关键目标，进行区域性摧毁和小范围刺杀。截至 2023 年10 月，乌克兰已数次使用多架自杀式无人机对莫斯科、克里姆林宫等进行袭击，对俄当局产生战略威慑。此外，乌军在正面战场中利用无人机成功摧毁了俄军 T-90M 主战坦克，标志着自杀式小型无人机已在多种实战场景中得到有效运用。

1. FPV 无人机追踪打击

自 2023 年以来，FPV 无人机（飞手直接操控的竞速型无人机，无自主巡航能力，业内作为航模使用）直接挂弹猎杀的方式迅速成为俄乌战场的热点，不但对机动、隐蔽、反斜面目标形成精准追杀，而且第一视角"直播式"杀伤（如图 2-22 所示），对双方作战人员形成了极大的心理震慑。

图 2-22　FPV 无人机第一视角杀伤

2023 年 9 月 28 日，俄罗斯 FPV 无人机操控员发现 3 名乌军进入废弃房区的地下掩体，随即操控无人机飞往目标，在掩体门口发生爆炸。1 名乌军侥幸逃出，却被俄军迅速侦察到其位置，另一架 FPV 无人机精准飞到房屋窗口引爆，最终造成乌军 1 死 2 伤。

2023 年 11 月 7 日，俄军在侦察过程中发现了一辆行驶中的美制 M-113 装甲车，FPV 穿越无人机无挂载火箭弹高速追击，接近目标后朝装甲车俯冲而去，引爆弹药，造成装甲车后部被炸，瞬间失去机动能力。

2. 集群无人机密集式攻击

为加快作战进程，双方大量使用自杀式低成本无人机对纵深能源设施、军用场站等高价值目标进行袭击，重创经济根基，削弱其战争潜力、瓦解民心意志。

2023 年 11 月 25 日，俄军使用 75 架"沙希德"-136 自杀式无人机（如

图 2-23 所示）对基辅及周边的能源设施进行袭击，创造开战以来最大规模袭击。

图 2-23 "沙希德"-136 无人机

虽然乌军启动防空系统，但仍有部分自杀式无人机突破火力防空网精准命中目标，造成 5 人受伤，电力设施受到损毁，近 200 栋建筑停电（如图 2-24 所示）。

图 2-24 乌军被袭击的能源设施

2023 年 8 月 27 日，出动 16 架纸板无人机，袭击了俄库尔斯克机场，造成 4 架苏-30、1 架米格-29 飞机及 1 套铠甲-S1、1 套 S-300 防空系统损坏；29 日夜间，乌军又出动 20 余架自杀式无人机袭击了俄普斯科夫机场，摧毁了 4 架伊尔-76MD 大型军用运输机和燃料储存库，对俄军造成极大心理震慑。

2024 年 1 月 25 日，乌军使用 2 架自杀式无人机袭击了克拉斯诺达尔边疆区图阿普谢炼油厂，导致其真空设备被烧毁，石油加工和石油产品的生产停滞。2 月 3 日，乌军 2 架自杀式无人机撞击了俄罗斯南部最大的伏尔加格勒炼油厂内的石油加工装置，并引发火灾，起火面积达 300m²。据路透社称，乌克兰无人机对这些炼油厂的攻击，迫使俄罗斯石油产品出口减少了近 1/3。

2.4.3　运用分析

1. 作战优势

总体来看，在俄乌战场上使用的自杀式无人机，其类型覆盖从携带小型弹头的单兵无人机到携带数十千克弹药的较大无人机，系统种类丰富、尺寸各异，巡航时间一般为 30~60min，除了用于对纵深大规模袭扰外，还针对坦克、装甲车等主战平台进行攻击，其体现的主要优势在于：

1) 单机定制杀伤效能

从作战对象来看，追踪打击可针对利用地形地物做掩体的反斜面目标（如地堡、暗堡、山体背面的隐藏目标），或快速移动的轻装甲、人员等机动目标。从杀伤效果来看，1 架 FPV 无人机通常挂载 1 枚火箭弹、反坦克导弹甚至地雷，追踪打击隐蔽机动人员或装甲坦克的薄弱点，致其失能或失效；从成本效益来看，击毁一辆装甲坦克，一枚标枪反坦克导弹成本接近 10 万元美元，而 FPV 无人穿越机挂载改制的反装甲高爆弹成本仅有约 1500 美元，且作战距离更远、定制毁伤效果更好。

2) 集群饱和攻击效能

从作战对象来看，低成本无人机集群饱和攻击（如"天竺葵"-2、"柳叶刀"无人机等）主要针对地面相对固定的高价值目标，该类目标导弹攻击被拦截成本高，火炮攻击距离不够、精度不高；从攻击效果来看（插入仿真推演视频），假设 45 架"沙希德"-136 无人机对乌军发电厂进行自杀袭击，电厂周边部署有乌军的"山毛榉"防空系统（28 枚防空导弹）、BMP-2 步战车，可见，24 枚防空导弹仅仅击落 10 架无人机，余下全部飞向电厂完成超饱和摧毁任务。实际上，美海军上百次模拟推演也表明，由 8 架无人机集群攻击当今世界极为先进的"宙斯盾"舰载防空系统，至少 2.8 架可以避开拦截有效攻击，如果将数量增至 10 架、20 架甚至更多，"宙斯盾"系统仅能拦截前面 7 架左右；从成本效益来看，在防御消耗上，低成本无人机与俄乌战场上典型的德国 IRIS-T 防空系统导弹（42 万美元）、"毒刺"单兵防空导弹（48 万美元）、NASAM 防空系统装备的 AIM-120 导弹（109 万美元）、S300 防空导弹（100 万美元）形成倍数级"价差"；在目标效益上，根据俄军作战

79

经验，摧毁一个拥有 24 门拖曳炮的典型北约炮兵营，需要耗费 1620 枚非制导高爆弹（若按 155mm 高爆弹来算，价格 1400 万美元），耗时几个小时，而采用无人机打击的话，只需要一次性起飞 24 架无人机，考虑冗余损耗，50 架"柳叶刀"无人机才 100 多万美元，仅需耗时约半小时；若对重要的油气等工业袭击，20~30 架低成本无人机（成本在 50 万美元左右）一波有效袭击可造成高达数十亿美元的经济损失。

2. 袭击方式

俄乌战场上自杀式无人机种类多，运用模式多样，取得的作战效果也不相同。双方一方面是将自杀式无人机作为消耗武器进行袭扰运用，同时也作为攻击武器以集群运用方式进行饱和打击，可以实现多机从同一角度依次攻击目标、多机从不同角度饱和攻击目标、多机分组协同攻击多个目标、多机协同攻击机动目标等多种方式。从俄乌战场上多机群量化袭击运用模式来看，其体现的主要运用方式是多机从不同角度饱和攻击目标和多机分组协同攻击多个目标，具体来看：

1）多机从同一角度依次攻击目标

这种攻击方式对自杀式无人机的指挥控制能力要求相对较高，需要在同一角度或集中范围上，对同一目标形成持续性"点穴"打击，针对十分坚固的地下掩体、军事设施等，具有较好的作战效果，但该运用方式在俄乌战场上并不多见。

2）多机从不同角度饱和攻击目标

原则上，该攻击方式要求实现空间均匀分布与时间协同，从不同角度饱和攻击目标。但在俄乌战场上，主要是将多个自杀式无人机的任务目标选定为同一目标，鉴于打击瞬间的随机性，也往往形成对同一目标的不同角度攻击，形成对目标多点的毁伤效果。

3）多机分组协同攻击多个目标

这种攻击方式在俄乌战场上应用较多，主要采用多批次自杀式无人机对敌方纵深高价值目标进行袭击。这种方式，一方面具有一定的互为掩护作战效果，造成防空压力；另一方面能够提高分布式袭击的作战成功率，提高自杀式饱和袭击运用效能。

4）多机协同攻击机动目标

这种攻击模式则要求自杀式无人机具有较好的自适应攻击能力。在俄乌战场上，多机协同攻击主要针对固定的军事目标，而采用这种模式攻击主要是在其他武器装备的目标引导指示下，协同完成对机动目标的打击任务，如与侦察类无人机配合实现引导打击。

2.4.4 作战启示

从近年来战争和局部冲突实践看，自杀式无人机已成为实战中运用最频繁的力量之一，其可实施饱和攻击，数量和速度上的巨大优势使杀伤概率大幅提高，攻击的突然性大幅增加，且速度优势可大大缩短攻击周期、提升攻击效果，因此，必须重视自杀式无人机的发展运用，将其放到更加突出的战略位置。

1. 非对称性使用

俄乌冲突双方僵持已久，先进的机械化部队在城市攻坚、要地攻防战中并没有形成绝对优势，甚至有时面对自杀式无人机双方都会陷入被动，这就充分体现了其"非对称"运用优势。随着无人机技术发展，成熟应用技术愈加增多，技术成熟、成本低廉的自杀式无人机得到了快速发展，可以大规模饱和攻击敌方高价值目标、设施甚至人员，而无需复杂的探测、瞄准等保障设备，使得战争制胜法则向"低吃高"与"小吃大"转变，充分体现"尺度不均衡对抗"和"价值不对等消耗"优势效能，因此自杀式无人机将在现代局部战争和武装冲突中发挥越来越重要的非对称作用。

2. 嵌入末端使用

一直以来，无人机在战场上主要扮演侦察监视等情报支援的角色。近年来，这种格局正在发生悄然变化，无人机将不再单纯作为一种"高精尖"作战力量使用，自杀式无人机具有灵活、易部署、适应性强等特征。在俄乌冲突中，双方参战的班组甚至单兵成为自杀式无人机的直接使用者和受益者。自杀式无人机的广泛便捷使用，也加速了其向末端运用发展的趋势。可以预见，未来更多的自杀式无人机将嵌入作战末端，甚至广泛编配至单兵或班组，在作战行动中伴随使用，实现隐秘渗透或集群饱和突防，形成快速袭扰作战。

3. 高效费比使用

中大型无人机虽然具有无人员伤亡优势，然而一旦被毁，成本代价依然较高，且操作流程复杂、维护保障烦琐，因此低成本自杀式无人机作为"最廉价的炮灰"，是高价值无人机的有效补充，并将逐步成为未来无人机作战发展的"撒手锏"。尤其对于缺乏巡航导弹、弹道导弹的情况，自杀式无人机是能当作空对地打击的导弹来使用的，完全能达到摧毁地面目标的效果，而且价格低廉，性价比极高。未来，自杀式无人机突防作为未来作战的新常态，为实现"避免接触""间接作战"等提供了高效费比的作战样式。

4. 大规模使用

虽然自杀式无人机作战平台体积较小、携弹量有限，但速度优势可大大缩短攻击周期、提升攻击效果，尤其自杀式无人机可实施饱和攻击，数量和速度上的巨大优势使杀伤概率大幅提高，攻击的突然性大幅增加，且速度优势可大大缩短攻击周期、提升攻击效果。因此，自杀式无人机集群作战中既可以发挥技术优势，又可通过灵活运用以发挥谋略优势，可以作为战时弥补军事技术不足或国家经济短板的有效手段，颠覆现有攻防对抗体系的平衡态势，通过规模数量上的优势制胜。

2.5　巴以冲突中无人机投弹攻击

2023 年 10 月 7 日，中东地区的紧张局势再次升级。与近年来局部冲突相似的是，无人机再次走上战争舞台，并发挥显著作用。本轮巴以冲突中，哈马斯组织展示其成熟的无人机操控使用技术，充分发挥无人机作战的灵活性、机动性，其中，多旋翼低成本无人机挂载小型弹药对以军地面武器装备造成了一定威胁，在一定程度上推迟了以军城市作战推进速度。

2.5.1　背景介绍

巴以冲突一般泛指是中东地区以色列和巴勒斯坦的冲突，与这个冲突并列的还有两个，第一个指阿以冲突，是阿拉伯世界和以色列之间的冲突；第二个指中东战争。整个巴以冲突是阿以冲突和中东战争的重要组成部分。

1. 历史原因

冲突的背后隐藏着历史根源，既有宗教的、文化的、民族的因素，又有大国干预的外部因素，各种因素相互影响、激化，使得巴以冲突的复杂性非同一般。其中，两个民族对同一块土地提出了排他性的主权要求是根本原因。犹太移民定居点问题和耶路撒冷地位问题则是巴以和平之路上的严重阻碍。

1947 年至今，巴以冲突仍没有停止。尽管双方进行了多方协调，联合国也有多个协议在其中，但目前要完全实现巴以和解，难度特别大，错综复杂的势力，再加上周边利益联动的效果，使得中东地区所呈现出的格局异常复杂。一般巴以冲突规模并不大，也叫"茶壶里的风暴"，但如果在周边组织力量及国家的催化之下，这场风暴有可能演化成"地中海风暴"，甚至"中东风暴"，而且跟之前正式的战争行动相比，这场冲突的非线性，包括不规则水平以及其他对抗要素全部纳入其中。所以从目前看，在整个中东范围内，这场冲突所引发的地区格局动荡，包括其他战略因素的介入，有可能也是大国竞争的一个重要角落。

2023 年 10 月 7 日，以哈马斯为首的巴勒斯坦武装组织从加沙地带向以色列发动进攻，被称为"阿克萨洪水"行动，哈马斯发射逾 5000 枚火箭弹袭击以色列，并派人进入其南部领土，并俘虏了多名以色列国防军将领。以色列国防军随后向对方空袭予以还击，并宣布进入战争状态，正式发起针对加沙地带武装组织的军事行动，并命名为"铁剑"。而后，双方在加沙地区展开了大规模、高密度的激烈冲突。

2. 无人机现身原因

1）加沙地区的空间限制

加沙地区高密度巷战的空间限制，致使许多现代化武器装备效能发挥依然受限，小型旋翼无人机则凭借其留空悬停、机动穿插等灵活作战优势得到充分应用。由于加沙地区民房密集、道路交错，在一定程度上导致双方，特别是以色列军方的大规模杀伤性武器无法有效地投入使用。在城区狭窄环境与短兵相接的条件下作战，旋翼无人机相较于传统空中支援打击力量具有更好的便捷性和机动性，是双方作战部队更好的选择。哈马斯武装组织常利用小型旋翼无人机可以直接打击以军地面兵力，投掷炸弹后士兵几乎来不及做出及时反应。

2）无人机运用优势明显

对于资源相对受限的哈马斯武装力量而言，低成本无人机的便捷操作性以及可持续消耗性，有助于他们能够在更为宽松的预算内继续执行战斗任务。此外，旋翼无人机能够广域、稳定侦察，高效完成引导打击、巡逻警戒、目标监视等组织作战任务。哈马斯武装力量改变了以往单纯依靠火箭弹袭击以军地面目标的思路，转而使用低成本无人机挂弹对以色列地面目标实施空中打击，充分发挥无人机运用优势。

3）无人机作战理论拓展

随着当前军事作战理论和技术不断更新升级，以及近年来不断爆发的地区军事武装冲突。可以预见，未来战争模式逐步向着无人化、智能化、信息化靠拢。当前的诸多地区武装冲突，包括巴以冲突在内，无人机被广泛应用于战场中。由此，无人机作战理论不断得到丰富和拓展，使此次冲突中双方对于无人机作战应用的理解更加透彻。哈马斯不仅能够自行完成小型无人机的制作、组装以及发射，而且能熟练使用无人机对以方目标进行全面侦察、火力打击。哈马斯武装力量在组织战斗的过程中，充分借鉴了俄乌战场上的一些有效作战经验，将对小型无人机作战理论的认识，提升至成熟的作战组织实施。

3. 典型投弹无人机

从哈马斯官方发布的训练视频来看，其使用的投弹无人机主要以市场购置和自我拼装为主，其中市场购置成熟产品典型的是六轴旋翼投弹无人机，如图 2-25 所示。

图 2-25　六轴旋翼投弹无人机

该无人机空载质量约9kg，最大起飞重量约15kg，空载最长飞行时间约为35min，飞行时间约为16min。通过加装 3d 打印的简易投弹装置，可携带迫击炮弹、手榴弹，甚至是反坦克地雷等各类爆炸物。这些微型轰炸机不仅小巧灵活，造价低廉，还因为采用塑料机身和锂电池驱动，难以被雷达发现，也无法被红外制导防空导弹锁定。

此外，哈马斯武装组织还拥有大量自制的微小四旋翼无人机，可直接挂载手雷，完成战场侦察与投弹攻击作战任务。

2.5.2　过程还原

巴以冲突中，哈马斯武装人员使用小型无人机对以色列的坦克、兵力人员等实施了不同程度的投弹攻击。

1. 摧毁"梅卡瓦"装甲坦克

2023 年 10 月冲突初期，哈马斯组织就公布了他们使用小型无人机，投弹摧毁以色列"梅卡瓦"Ⅳ主战坦克。

哈马斯武装人员控制一架挂载一枚重型反坦克弹药（可能是采用串联破甲战斗部的）的微小型无人机，悄无声息地飞到以军"梅卡瓦"主战坦克的正上方。当时这辆坦克的所有舱门紧闭，处于作战状态，车内的车组成员对头顶的威胁毫无察觉。为了保证命中精度，这架无人机进一步降低悬停高度，而且专门瞄准了坦克车体前部右侧位置投下，因为这里正是"梅卡瓦"主战坦克的发动机舱。在弹药落下过程中，以军"梅卡瓦"主战坦克的炮塔进行旋转，重型反坦克弹药接触到炮塔前段突出部的位置并引爆，但是串联破甲战斗部产生的强大高温高速金属射流依然击穿了发动机舱，不仅彻底摧毁了涡轮增压柴油发动机，使其失去了动力，更重要的是引燃了邮箱内的燃料，燃起了熊熊大火。

2. 袭击兵力目标

哈马斯通过组配、改装低成本民用旋翼无人机，挂载手雷、火箭弹等，在对以色列通信基站、哨塔、步兵等目标侦察定位基础上，哈马斯无人机操作手，使用无人机移动到以色列前沿哨所，对观察哨进行精准投放炸弹，定点毁伤目标形成断链、盲区、瘫体，为后续部队打开进攻通道。哈马斯发起的第一波突袭中，正是利用无人机向以色列观测塔、通信系统和机枪阵地投掷炸弹，致使以色列的防御体系陷入混乱之中。

2023年11月，在拜特哈农以东，大约20名以色列国防军士兵坐在开阔地原地休息，许多战斗装备就堂而皇之地摆放在地面上。一架哈马斯的小型四轴无人机挂着改装的山寨M26A2手榴弹，从远处飞到这些士兵们的头顶，在相当高的高度对进入加沙的以色列士兵进行了巧妙投弹攻击，后者几乎没有反应时间，一些士兵当场倒地，大约4名或5名以军士兵出现死伤。爆炸发生后，剩下的以军士兵四散而逃，丝毫未意识到攻击是从头顶而来的（如图2-26所示）。

图2-26 投弹攻击固定兵力目标

2.5.3 运用分析

哈马斯一直以其灵活的游击战术而著称，但在此次冲突中，它们采用无人机作为新的作战武器，不仅仅用于侦察，更是形成了精确投弹攻击能力。哈马斯已经熟练掌握了如何操作改装后的多旋翼无人机，特别是如何精准且致命地投放弹药，弹药的命中率也相当高。这意味着从无人机的战术应用原则、选型改装、对应弹药的改装、操作手的控制能力等诸多环节，哈马斯都表现出了相当高的小型无人机运用技战水平。

1. 无人机投弹反坦克运用分析

"梅卡瓦"坦克（如图 2-27 所示）是世界上防护能力最强的主战坦克之一，全向防护性能堪称优秀，坦克的车体正面装甲采用双硬度装甲钢，具备较强的防护能力。

图 2-27 "梅卡瓦"坦克

一是高空加速攻击。"梅卡瓦"坦克集结了火力、防护和机动性于一身，在火力方面，该坦克配备了高性能的火炮和射击系统，能迅速定位敌人并进行精准打击；防护上，它的装甲设计能有效抵挡各种现代化的武器攻击，身上装甲厚度约为 190mm，而且还具有一定的倾斜角度，这种设计可以提高坦克的防护力。然而，哈马斯使用无人机挂载的 PG-7VR 火箭弹采用了串联破甲战斗部，其中二级战斗部具有击穿 750mm 均质装甲钢的能力。因此，利用无人机直投火箭弹，形成高空自由落体加速度，直接砸向"梅卡瓦"坦克的身上装甲时，具有相当高的击穿概率。

二是能够挂载多种弹药。无人机可以挂载各种反坦克弹药攻击坦克装甲车辆，RPG-29 的穿甲能力与 PG-7VR 相当，还有伊朗生产的"拉阿德"和"德拉维耶"反坦克导弹的穿甲能力分别达到 400mm 和 1000～1200mm。以色列的主动防护系统能够拦截哈马斯的"短号"或 RPG-29 等导弹，但对于"从天而降"的投弹攻击（如图 2-28 所示），显然无能为力，这些使得以色列的"梅卡瓦"坦克面临着直接摧毁的危险。

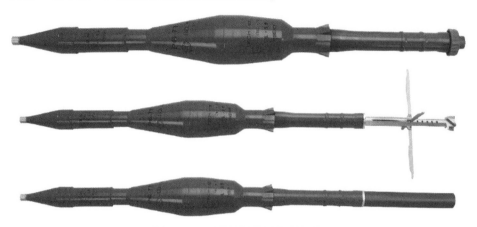

图 2-28　可供挂载投放的火箭弹

三是性价比效率高。对比传统的打击坦克力量，微小型无人机反坦克造价低廉，能够在战场上大规模使用，形成数量巨大且难以防御的"蜂群攻击"，无论在打击落单的车辆还是集群车辆，效果都很好。即便无法采购到类似成品无人机，也可以通过各种廉价成熟技术的部组件，组装成微小旋翼无人机进行投弹攻击。

四是不易被敌方发现。无人机与传统的反坦克武器相比，通常采用蓄电池为电动机功能、驱动螺旋桨作为动力形式，声光电特征较小、信号特征弱，坦克装甲车辆车组成员对周边战场的态势感知能力很弱，对空态势感知、拦截防御能力则是更弱，地面人员，尤其是坐在坦克装甲车辆内的车组成员，很难发现来袭的微小型无人机空投。

2. 投弹攻击兵力目标分析

哈马斯武装组织充分借鉴了俄乌战场上采用低成本旋翼无人机挂载手雷的作战方式，对战壕内兵力目标、警戒目标进行侦察后，直接投弹攻击，形成良好作战效果。从作战形态上看，该作战方式又将无人机作战发展运用向前推进一步。地面战斗无论是进攻还是防御，步兵使用微小无人机进行投弹攻击将成为一种新常态，这实际上重新定义了单兵作战范围、地面近距攻防战斗方式，步兵与无人机之间的协同作战更为密切。该无人机投弹攻击在战场上的优点主要体现在：

一是成本低、体积小，低成本的无人机可由单兵随身携带，实时进行侦察、预警、监控等行动，即使被摧毁也可很快补充投入战场。

二是察打作战效果好，其具备的高清摄像头可清晰地传输敌方部署和行动，具有较好的侦察优势。凭借其稳定的留空优势，能够高空驻留侦察敌方区域机动目标，能够持续跟踪兵力目标，确定攻击目标后，实施投弹打击，察打一体效果所见即所得，压缩感知–打击–评估时间，宣传威慑效果也显而易见。

三是低探测、隐蔽性强，因其体积较小且具备天然的制空属性，对所有地面军事力量都有克制作用，可深入敌方阵地活动。面对灵活小巧的无人机，传统雷达很难侦测到其活动，即使使用电子干扰设备，也会造成对自身通信能力的影响和制约。

2.5.4 作战启示

哈马斯早就将无人机引入军事战略中，从中可以洞察出无人机投弹攻击、自杀袭击等战术多样性和精准打击方面的潜力和前景。未来随着技术的发展，无人机投弹攻击将继续提升其战术多样性，例如更先进的侦察能力、更精准的投弹技术、更灵活的机动性等，这将使其在各种冲突场景中更具竞争力。

1. 适应新形势转变无人机作战运用观念

随着现代战场攻防转换节奏加速，对敏捷、精确、高效杀伤链需求更为迫切，如何高效运用无人机实现快速杀伤打击，值得从作战理念上进行探究。传统无人机作战主要在情报侦察领域，随着无人机性能提升，作战任务不断向察打一体、通信中继、电子对抗等多样化拓展，往往造成片面追求复杂多样化任务运用效能，对于投弹攻击等操作简易、高效运用等方式容易忽视。因此，在无人机作战运用上，全面考虑战场需求和形势发展，将更多实用、好用、有用的作战方式开发出来，并在战场进行运用检验。

2. 发挥民用无人机作战运用性价比优势

伊拉克战争持续了近8年，阿富汗战争持续了近20年，叙利亚内战、俄乌冲突、巴以冲突至今仍未停火，从近期的战争或冲突看，长期性和高消耗性战场对装备持续作战能力提出更高要求。近年来无人机产业已成为世界各国竞相发展的战略性新兴产业，民用无人机成本低、数量多、技术成熟、产品更迭快。自俄乌冲突伊始，四旋翼无人机挂载炸弹从空中袭击敌方的人员和武器装备就成为战场运用常态。这种无人机由民用无人机改造，被改造后在战场上广泛使用。民用无人机价格便宜，其超低空飞行且雷达特征极小的特点，使得对方的野战防空系统对其无能为力。小型四轴无人机的性能足以满足在侦察、炮兵校射等作战需求，甚至能够挂载小型炸弹直接攻击敌人。四轴无人机给身管火炮和火箭炮的作战带来了一场革命，成为现代化战争的象征。可见，随着战争的巨大消耗，民用无人机的使用会给双方带来极大的性价比。

3. 实战运用是无人机作战能力提升关键

世界各国装备无人机数量持续提升，但实战化能力有限，无人机与传统有人力量协同运用能力弱，实战化水平有限。应重视无人机运用创新，通过常态化执行任务积累实战经验；创新无人机投弹攻击、自杀袭击等战术战法，探索协同运用方法；深研无人机战术运用样式，探索无人机投弹攻击多元目标策略，分析精度和有限挂载能力不足的瓶颈，拓展无人机投弹攻击作战能力，发挥好新质力量的倍增器作用。

2.6 阿瓦迪夫卡单兵无人机要点夺控作战

俄乌冲突爆发以来，战斗一直围绕顿涅茨克、卢甘斯克、利沃夫等重镇展开。2023 年 10 月 10 日至 2024 年 2 月 17 日，历时 4 个多月的阿瓦迪夫卡城镇攻防战役结束，俄乌双方付出了惨痛的伤亡代价（俄军约 5000 人，乌军约 2 万人），被誉为继马里乌波尔、巴赫穆特战役以来的第三大战役。俄新社 2 月 12 日发文称，俄乌战场已经演变为一场全面的无人机战争，战场上 75% 人装战损是由无人机直接或间接参与的。此次战役，单兵无人机作战大放异彩，在战术思想、战斗方式、作战组织等方面形成风暴式冲击和革命性影响。

2.6.1 背景介绍

1. 战前态势

1）持久对抗

自 2014 年乌东内战爆发起，阿瓦迪夫卡作为乌军在顿涅斯克地区的防御重镇，始终处于俄乌对抗前沿阵地，乌军依托这一据点经常向俄军顿涅斯克市区发动炮击，战斗经验丰富的东乌民兵部队（东乌民兵主力精锐集中在阿瓦迪夫卡南翼，包括第一斯拉夫旅、传奇的索马里营<参与马里乌波尔战役>、顿巴斯国际旅）也进行了持久的反击，但却久攻不下，形成持久对抗之势。

2）包围态势

2022 年 8 月到 2023 年 3 月，俄军采取持续进攻、逐步前进和南北夹击的战术，基本拿下了阿城南北两侧外围的几个定居点（南侧外围的佩斯基、奥皮涅、沃达尼和北侧外围的卡玛尼安卡、克拉斯诺霍里夫卡、新谢利夫卡德鲁哈），从而形成了对阿瓦迪夫卡的半包围。2023年3月，新一轮北约援乌武器到位后，乌军发动了夏季反攻，在阿城外围卡玛尼安卡、沃达尼等定居点取得一定战果，但仍未摆脱被三面包围的作战态势。

2. 作战企图

俄军选择进攻阿瓦迪夫卡，其原因在于：①解除威胁。顿涅斯克市是俄占领的最大城市之一，阿城却极大地影响了顿涅斯克的安全稳定（所谓卧榻之侧，岂容他人鼾睡），攻下阿城，不仅可以解除顿城威胁，而且可扩大俄军在顿涅斯克的控制范围，为完全控制顿巴斯地域目标企图奠定基础。②鼓舞士气。一方面，自乌军发动反攻以来，俄军处于防御状态和物资储备近4个月，俄军处于较长一段时间的防御战斗，对士气影响很大，能够拿下乌军前沿防御重镇，对提高士气、提升战斗力具有重要推动作用；另一方面，也是通过扫除顿涅斯克威胁，坚定其民众投靠俄罗斯的决心。基于该动机，俄军意图集中步兵、装甲火力，迅速从城镇外围南北夹击、包围城市，一举完成城镇围歼战、避免进入持久巷战。

从乌军角度来看，①保住要地。阿瓦迪夫卡是乌军在顿涅斯克地区的防御要塞，保护着更西边的几个关键军事阵地。往西约45km就是乌军的后勤枢纽——红军城，往西北就是另一个后勤枢纽——康坦斯丁诺夫卡，也是巴赫穆特战线大本营，若失去阿城，两城将无险可守。②确保士气。自2014年以来，阿瓦迪夫卡一直是乌克兰有力抵抗的象征，如果防御重镇失守，将严重打击军心士气，因此乌军同样集中了大量兵力，从而确立了立足防御、定向袭扰的作战目标。

3. 战场环境

阿瓦迪夫卡城镇覆盖约30km²，距离顿涅斯克市中心仅约10km，2014年后十年间，乌军对阿城阵地反复加固，把这里改造为要塞化的堡垒，形成了"外部-内部-核心"三层防御体系，城外战壕雷场交错、城内高大建筑密布、核心要域障碍阻绝，被誉为"九年不落之城"。阿城的外围主要是广阔平原，且分布着大大小小的湖泊，这将使得俄进攻路线选择非常容易被预测，于是乌军在进攻路线上密布雷场，增大了进攻阻力；西南侧分布有斯特波韦、塞韦尔内等小型村落构成了外围防线，乌军在此部署大量地雷、炮兵火力，成为俄军包围城镇的重要阻隔；特西北角的焦化工建筑高大坚固、密布防御措施、地下掩体，防御堡垒厚7~8m，犹如马里乌波尔钢铁厂，外号"蜂巢"，焦化厂外围的矿渣山是整个城市重要制高点，高度约100m，为乌炮兵提供有利视野，能够及时掌握对手动向。因此，对俄军来说，抵近难度大、夺控强度高，造成严重的"看不清、找不到、控不住"问题。

4. 作战力量

此次战役双方投入大量兵力，俨然要在这里再次上演"绞肉机式"战役。俄军在阿瓦迪夫卡及周边地区除了原有的东乌民兵部队，增派部署大量步兵、坦克等部队（有 227 步兵团、15 步兵团、21 坦克旅、55 摩步旅、114 摩步旅、74 摩步旅、90 坦克师、"风暴 Z"、瓦格纳部队等），总人数约 4.5 万人，占俄军一线总兵力的 1/9，接近巴赫穆特战役最高峰时总兵力，以地面突击步兵为主，配合装甲炮兵、空天军等力量。

乌军在阿城内主要以 110 机械化旅（下辖 4 个步兵营、1 个坦克营、1 个炮兵营以及防空、工程运输等作战支援营，总兵力约 4000 人）为主，增援近十个旅（第 10 山地突击旅、31 机械化旅、47 机械化旅、53 机械化旅、55 炮兵旅、116 机械化旅，以及最后支援的亚速第 3 旅），总人数约 3 万人，其中无人机连 16 个。

双方步兵主要配备的单兵无人机是微小型四旋翼侦打无人机（后简称侦打无人机）、FPV 穿越机。

2.6.2　过程还原

从整个作战历程来看，历时 4 个多月的阿瓦迪夫卡战役几乎每天都在发生激烈的城镇要点夺控战。战役发起前，俄空天军对城区实施了多轮次大范围远程轰炸，但这种轰炸对防御坚固的阿城阵地，并未造成大量兵力损失。

第一阶段：突袭抢点。自 2023 年 10 月 10 日，俄军集中 3 个旅兵力向阿瓦迪夫卡发动战役级进攻。该阶段主要以双方在矿渣山制高点的反复争夺为标志，在首波次突袭抢点中，俄军 90 师出动大量装甲坦克突击，但乌军凭借山上大量坑道有效避开了粗放式炮火轰击，利用前期密布的地雷场迟缓俄军装备行动的同时，占据高地采取 FPV 无人机快速追踪打击和引导远程火炮精确打击相结合的方式，造成俄军 100 余辆装甲坦克损毁和大量人员伤亡，90坦克师 228 团、74 摩步旅几乎全军覆灭。10 月 20 日起，俄进攻受挫后开始转变战术策略，放弃装甲在前、人员在后的战术，114 摩步旅发动以"步兵+无人机"为主的地面隐蔽分散突袭，持续使用侦打无人机前出监测，一旦发现乌军出没，对准坑道入口精准投弹攻击或引导远程火力精确打击，最终 10 月28 日占领该要地。

第二阶段：持久拉锯。俄军首次突袭抢点遭受一波三折后，双方陷入了持久消耗战、拉锯战。俄军在阿城南北两侧要点（南部塞韦尔内、北部斯特波韦）不断冲击，试图紧缩包围圈、切断城区乌军补给线，但前出的部队遭到乌军外围大量增援和城内守军要点反冲击作战，双发陷入近 3 个月的要地攻防作战。此期间，俄步兵作为突击主力，灵活运用单兵无人机，担负情报侦察、引导打击、投弹攻击、追踪打击等多样化任务。2024年1月开始，侦打无人机引导大量FAB滑翔弹精准攻击乌军阵地，掩护步兵发起进攻，进一步实施定点投弹攻击和FPV追踪打击，这种空地一体的配合，为减少步兵伤亡、推进要点夺控提供了核心支撑；乌军虽然受大口径炮弹支援不足影响，但守军借助大量FPV无人机攻击俄地面人员、装甲车辆，抵消了火力劣势，逼迫俄军无法抵近作战，有效遏制夺控进程。

这里，不妨列举一下双方在城镇东部卡玛尼安卡别墅区要点夺控战斗中单兵无人机的运用情况。由于该别墅区是城区外围的重要屏障，囤积大量乌军，致使俄军难以驱入城区，直升机城市突防通道严重受阻。12月8日，俄114旅突击队强势攻入该别墅区，由"白杨树"指挥部奉命夺控该别墅区，行动过程由侦打无人机进行监控引导，负责防御的是乌军110旅。①当日，6名俄突击步兵向一幢废弃别墅发起进攻，突击过程中遭到楼内乌军机枪火力反击后撤退，随后采用侦打无人机快速锁定机枪点，迅速向其投掷K51手雷，并引导RPG向屋内打击，之后无人机通过可见光和红外成像交互印证楼内2名乌军已死亡；②2分钟后，乌军116旅一辆坦克前来支援，俄侦打无人机再次对其实施投弹攻击，由于其处于机动状态并未命中，而后俄军操控FPV无人机精准命中，致其瘫痪，乌坦克兵在逃跑过程中遭到俄侦打无人机投弹攻击身亡。此次战斗，乌军死亡至少3人，报废坦克1辆；俄军轻伤1人，夺下1个要点建筑，从此次战斗来看，通过单兵无人机"1察3打"战术运用，为加速要点夺控进程、降低人员伤亡提供重要支撑。

第三阶段：地下突袭。俄军经过长久的围歼战术，看上去仅有5~6km"扎口"，始终难以"闭合"，俄军意识到了从城区外围闭合包围将极其困难，于是开启了俄军实施城区内"小合围"作战部署。2014年1月20日，为躲避乌军大量单兵FPV无人机攻击，俄军派出约150人作战小组，利用贯通的下水道，实施地下迫近作业、土攻作业1.2km后炸开地上出口，到达城区维伊齐亚索博纳，面对突然从地下"冒出"的俄军，乌军措手不及，丢掉了坚固的沙皇公园阵地，普京总统也亲自赞扬了这次下水道突破战术，此后乌军的战线开始逐渐瓦解。

第四阶段：全面夺控。到2月5日，俄军部队又从卡玛尼安卡别墅区方向打开的通道，快速穿插到内城区，最终到达了铁路桥，从城区北部进一步紧缩"扎口"；2月9日，俄军拿下了蓝湖南岸的街道；2月11日乌军亚速营第三旅前往增援，但遭遇阻击、解围失败；2月14日，俄军从北部切断了乌军最后补给线，随后乌军开始撤离；2月16日俄军进城，为了提高作战效率，利用侦打无人机对城区多个要点进行全面搜剿，仅用 1 天时间就占领全城，俘获乌军约 1500 名。

2.6.3 运用分析

聚焦阿瓦迪夫卡要点夺控中单兵无人机运用的新特点、作战的新样式，围绕典型行动过程，深度解析其作战的经验教训。

1. 优势特点

1）低小难防，灵巧作战

阿瓦迪夫卡城镇建筑密集林立、坚固难摧，期间俄军不断对城区进行轰炸，使得复杂多样的城镇战场变得更加剧烈起伏、残垣断壁、掩体交错，重要地域和关键交通大面积严重断毁。险恶的战场环境造成地面装甲、通信侦察等武器装备机动、通信、视界、射界等严重受限，"追不上""连不通""看不到""打不着"等问题突出。单兵无人机凭借快速跨越剧烈起伏地形优势，犹如战场上"空降幽灵"。在使用过程中，大部分采用低飞突袭模式，飞行高度控制在 200m 以下，速度通常在 150km/h 以下，且整机体积小，RCS基本小于 0.01，低空慢速单兵无人机的目标雷达信号与鸟类、气象杂波等信号相近，难以被城市防空系统探测、识别。正是这些无人机目标小、飞行巧、数量多，常造成防空拦截系统"看不着""拦不到""打不尽"。

2）简易配用，敏捷部署

从加装组配来看，此次战役使用的单兵无人机多采用模块化设计，如FPV 穿越无人机，模块间采用卡扣、插拔、折叠等简单快捷的组配方式，载荷模块与飞机平台之间采用标准化接口设计，具有较强的可更换、可替代性，维护简单或无需维护，装配时间均在 3min 内，甚至是即插即用，整机轻小便捷，质量不超过 3kg，便于单兵携带，快速响应任务需求。从操作使用来看，这些单兵无人机主要采用便捷手持终端控制，俄军使用的侦打具备快速航点装订、一键程控起飞、自动飞行控制等功能，具有指挥流程简洁、飞行操控简单、系统调试快捷等特点；当然，双方使用的自杀式穿越机也在技术成熟的 FPV 飞行眼镜加持下，形成"沉浸式"作战，操控更为直观。

3）低廉可耗，持久作战

单兵无人机能够在阿瓦迪夫卡战役得到广泛深入应用，其中一个核心在于"低成本"。此战役期间，俄军常规炮弹每天消耗五万至六万发，甚至七万发，精确导弹库存几乎见底；而尤其受巴以冲突影响，美援乌部分武器转移至以色列，乌军面临更为严重的精打武器弹药短缺。而双方使用的单兵无人机价格基本在 3000 美元以下，其中，FPV 无人机价格在 400 美元左右，属于一次性消耗品；侦打无人机价格在 2500 美元左右，可重复使用，消耗成本近取决于几百美元的投掷弹药。相较而言，俄乌战场上反坦克装甲导弹，如"标枪"反坦克导弹（22 万美元）、"短号"反坦克导弹（14 万美元）、"陶氏"反坦克导弹（6.6 万美元）则是价格昂贵，因此单兵无人机价格优势可以转化成精打武器的数量优势，实现可消耗作战。这也是为什么在 2020 年低烈度的纳卡冲突中，几乎"影响战局"的高价值 TB-2 察打无人机，却在对抗烈度明显升级的俄乌冲突中"昙花一现"，而单兵穿越机、侦打旋翼机却能在此次战役中"独树一帜"，促使交战空间前伸、对抗焦点前移、作战重心前推，加剧对抗烈度。

2. 运用效能

此次战役是单兵无人机高强度、高密度综合运用的现代战场，特别是在决策指挥控制、情报侦察监视、有生力量杀伤等方面，清晰诠释出单兵无人机高效运用"指挥链""情报链""杀伤链"架构。

1）加速指挥决策

单兵无人机操控人员多在后方，甚至与指挥机构一体，实现了与前线的可视互动，确保指挥中枢对突击行动的实时指挥控制。如卡玛尼安卡别墅区夺控战中，俄军侦打无人机操控员与指挥员同在一处废弃房屋内，实时反馈夺控进程和特情，指挥员直接根据反馈信息快速决策，指挥前沿突击行动进程。由单兵无人机伴随的这种指挥方式，具有指挥高效、灵活应变的突出特点，使处在不同地域的不同层级作战单元同步掌握作战实况，以近乎现场直播的方式实现"OODA 循环"（发现-判断-决策-行动）指挥链路快速闭合，大大提高了作战"定决心""调分队""控行动"等系列指挥效率。

2）互补情报体系

单兵无人机具有轻小灵活的作战特点，一方面能够快速深入前沿、抵近勘察，克服其他有人侦察手段难以实时抵近详查的不足；另一方面也能够临空瞰视、实时监测，扩大单兵侦察范围。此次战役俄军侦打无人机通常携带可见光、红外等多元侦察载荷，不但适应昼夜作战，也能对同一情报源反复验证，补全战场态势"一张图"。如在卡玛尼安卡战斗中无人机多次通过可见光和红外反复侦测印证乌军所在位置和伤亡情况，为精确投弹攻击和引导打击提供了实时情报。同时，受限于单兵无人机续航时间有限，难以持久侦察，在情报体系支撑下，通过先期目标信息保障（如目标特性、分布等），或者进行毁伤评估（在此次战役中，FPV 无人机飞手作战时，身边常伴有飞手操控另一架微小无人侦察机伴随提供实时目标指引、毁伤评估），进一步提高作战效率。

3）缩短杀伤周期

①从作战对象来看，俄军广泛使用的侦打无人机加装有导航定位、稳定

控制模块，能够实现空中稳定悬停、定点投弹攻击。一方面针对壕沟、坑道、建筑、装甲内临机出现或隐蔽的作战人员，目标移动缓慢、易于定点打击，是战场上"游荡的弹药"；另一方面引导打击，从卡玛尼安卡战斗看，从侦打无人机发现目标，通过自动通信系统共享其他火力单元，到完成引导打击的平均时间不超过3分钟；双方均使用的FPV无人机则以其速度快、机动灵活、实时可见的优势，可针对夺控要点内利用地形地物做掩体的反斜面目标，或快速移动的轻装甲、人员等机动目标追踪快打，犹如"飞行的刺客"。②从杀伤效果来看（插入动画推演），侦打无人机通常挂载1枚或多枚手雷、迫击炮弹、烟幕弹，在大约150m高度定点进行出其不意的投弹攻击，地面甚至可形成5m的致死范围和15m的伤害范围；1架FPV无人机通常挂载1枚火箭弹、反坦克导弹甚至地雷，追踪打击隐蔽机动人员或装甲坦克的薄弱点，致其失能或失效，对双方兵力均形成了"致命叮咬"，实现了由传统"预先控打"向"全程控杀"拓展，由传统"离线式盲打"向"在线式追杀"拓展。

3. 支撑保障

1）兵力保障

此次战役使用单兵无人机进行投弹攻击或追踪打击，虽"前方无人"，但必须依靠"人在回路"，因此无人机操控员才是实现这些攻击战术的"战场隐形杀手"。兵力保障一方面体现在"量"上，为此，俄乌双方加大培养无人机操控员，俄方专设"阿尔汉格尔"无人机培训项目，在多地建立多个培训中心，培养大批FPV无人机操控员；乌方也加紧建立培训基地，秘密培养了1万名无人机操控员。另一方面体现在"质"上，单兵无人机虽然操控便捷，但"好用"并不意味着就能"用好"，不但需要成熟的操控技能（尤其FPV穿越机虽然操控直观，但速度快，对飞手操控技能要求高），还需要具备战术素养、心理素质和应急处置能力。

2）器材保障

"巧妇难为无米之炊"，在兵力保障基础上，单兵无人机能够在此次战役中大规模、高频率地运用，必须依赖于双方在部组件、弹药载荷等器材方面能够持续饱和供应，这也是持续消耗战的根本保障。为此，俄乌双方在积极引购的基础上，广泛设厂量产：俄方调动20家军工企业参与生产，以及大量民企开展小作坊式拼装，每天能够生产千架旋翼无人机，俄罗斯前国防部长绍伊古宣称截至2023年年底，其无人机产能已实现了16.8倍的增长。自我国实施无人机出口限制后，俄方还加大电子元件、内置芯片的自研，以期达到单兵无人机部组件等器材全部自给自足；乌方直接向民众发布在线培训视频，在家中参与组装单兵FPV无人机，依托职业学校、在校大学生承担改造任务，以满足乌军前沿作战使用需求，并试图在 2024 年生产 100 万架。

4. 短板不足

1）抗扰能力弱，抬高攻击成本

战役中双方单兵使用的无人机，主要采用成熟的民用通信、卫星导航技术，抗干扰手段少、能力弱（如 FPV 无人机主要采用航模级通信模块，极易被干扰诱骗，导致攻击失效）。因此，双方在阿瓦迪夫卡战役中大量装配反无人机电子干扰系统（如俄军"野蔷薇–航空"电子战系统、"里尔–3"智能反无人机系统，乌军 Piranha AVD 360 电子战系统，双方还有大量便捷式手持干扰枪），对无人机的通信、导航系统进行干扰、致盲，以兵力、弹药"零消耗"瘫痪阻断单兵无人机攻击，实现"零代价"换取"高收益"，这也是双方在此次战役中主要反制无人机手段。为此，俄军甚至还尝试将 FPV 无人机绑定 10 千米长细光纤飞行，但存在高速灵活机动缠绕、光线断裂等问题。

2）飞行噪声大，削弱攻击效能

碳纤维螺旋桨强度大、重量轻，被大多数单兵无人机所采用，但由于缺乏降噪处理，高速低空飞行噪音较大，易被提前察觉，影响后续攻击效能发挥。如高速飞行的 FPV 无人机，在末端打击过程中，碳纤维螺旋桨与空气摩擦造成的飞行噪音十分明显，很容易被察觉，作战中就有俄军士兵据此预判了无人机的攻击行动，从而顺利躲过一次追踪袭击。相较而言，投弹攻击的单兵无人机在高空发动攻击，声音传播损耗和战场噪音影响，不易被觉察。

实际上，单兵无人机受成本、技术等限制还存在续航时间短、非视距通信难等诸多不足，在高强度战场上面对激烈、密集的防空拦截、电磁干扰等，打击效能将遭遇进一步"打折"。因此，针对实战应用中暴露的问题不足，非常值得关注。

2.6.4 作战启示

此役大量单兵无人机运用，擘画了未来城镇攻防作战中"单兵+无人"的作战理念、作战样式、作战行动、作战装备的新变化，具有重要的启示借鉴意义。

1. 攻防一体，加快城镇夺控进程

城镇攻坚拖不起、慢不得，面临一系列挑战。①加强单兵无人作战探索。在城镇攻坚中，探索"单兵+无人"的新型作战样式，打造全新的无人攻城利器，扩大单兵侦察监视范围，提升远距离目标跟踪攻击能力，贯通指挥链、情报链、杀伤链，实现人机协同、空地一体作战。利用无人机加强单兵末端攻击作战能力，实施非接触、非线性、非对称作战，实现"隔墙能看、隔空能打、隔窗能进"，促敌防御体系加速崩溃。②注重城镇反无作战研究。一方面，从主动反无角度考虑，应深入研究对手各类单兵无人机的技术原理，搞清其通信体制、导航控制等信息，找出其薄弱环节，加强使用导航干扰、链路阻断等电子对抗力量，发挥低成本电子反制优势，实现"不对等消耗"作战。另一方面，从被动防御层面考虑，要借鉴此次战役中俄军城镇攻坚的灵活战术，不断探索地下通道闪击、隐蔽绕道突袭等战术战法运用，规避单兵无人机侦打作战，最大限度减少人员伤亡。

2. 战技融合，克服武器短板弱项

针对短板弱项，在保持运用优势特点的基础上，积极探索单兵无人机运用战术"补短"与技术"增能"相结合的发展思路，进一步提升武器作战效能。①深化战法研究。结合对台城镇攻坚场景，深入研究单兵无人机"快速歼灭战、灵活突袭战、近距杀伤战"等战法，深度分析数量规模、机动模式、载弹药量、目标特性等对作战效能之间的关联性，实现高端精准化、定制化作战效益。②加强战术创新。发挥优势，积极创新拓展新战术战法；针对短板，实现"低空隐蔽突防、临空敏捷打击、末端机动杀伤"，形成攻击的隐蔽性、突然性、动态性，避免被探测干扰或及早形成有效反制举措。③拓寻技术革新。以"低成本""智能+"等思路解决攻击中的短板弱项，随着无人机技术快速迭新，成熟技术成本也在降低，深入挖掘运用新兴低成本成熟、好用技术，不断提高作战性能。如适配加装备用廉价的光学定位、通信定位导航模块，降低被干扰概率；选配噪声较低的电动机、低噪桨叶，降低被提前感知概率。

3. 学用联合，提升作战运用效能

充分认清单兵无人机作战是"人在回路"的核心环节，着眼未来备战储备，必须大力拓展相关专业人才规模，提高战术操控技能和实战运用能力。①普及专业理论教学。采取"线上+线下"相结合的思路，依托专业院校、军事职业教育平台，开设（或发布）单兵无人机作战相关课程，全面涉及专业技术、原理构造、操作使用、维护保障、作战运用等内容，形成普适化专业教育。②强化操控技能培训。在院校、无人机部（分）队广泛开设俱乐部、活动室等，构设无人机设计制作和模拟训练条件，培养人员单兵无人机系统设计、加工制造、组装联调等技能。从培养经验看，通过模训与实飞相结合、"驾照式"的科目化考核，能够快速强化操控使用技能，通过参加设计赛、挑战赛等活动，能够有效增强应战飞行心理素质。③加大实战训练运用。结合日常训练广泛开展单兵无人机运用研练，深度开展子母机协同、极限飞行、隐蔽突防等用法战法研练；结合演训任务，将单兵无人机运用战术纳入其中，设置实战背景条件，设全战术战法课目，全面推动由"简单飞行使用"向"融合体系运用"转变。

复习思考题

1. 纳卡冲突中无人机察打一体作战对战场的影响有哪些？

2. 从无人集群成功袭击沙特油田战例中总结无人集群作战的战技优势。

3. 结合无人机综合打击的战例，分析其变化过程及发展趋势。

4. 低成本无人机运用方式有哪些？

5. 无人机察打一体作战和无人机自杀式作战的异同点体现在哪些方面？

6. 无人机察打一体作战的区别于其他行动的优点是什么？

7. FPV 穿越无人机作战特点是什么？

8. 无人机投弹攻击能够兴起的原因是什么？

第3章

无人机电子对抗作战

随着非接触、全频谱、零伤亡的战争理念的提出，在技术发展的推动下，无人机电子对抗已逐步渗透到体系作战的各个领域。通过电子对抗无人机对敌通信、雷达等电子系统实施电子侦察、干扰、攻击，可以瘫痪敌通信系统、致盲敌防空体系，达成毁一点、瘫全体的作战效果。本章着眼贝卡谷地无人机诱饵欺骗作战、车臣战争无人机电子干扰作战和纳卡冲突反辐射无人机作战运用效果，形成作战启示。

3.1　贝卡谷地之战中无人机诱饵欺骗作战

1982 年 6 月 6 日，以色列以其驻英大使遇刺为借口，悍然发动了入侵黎巴嫩的战争，史上称为第五次中东战争。6 月 9 日，以色列军队为摧毁叙利亚军队部署在战略要地贝卡谷地的萨姆-6 导弹阵地，首次以无人机作诱饵，并在电子战飞机的配合下，以色列军队仅用了 6 分钟的时间就摧毁了叙军耗时 10 年、耗资 20 亿美元部署的 19 个导弹阵地，创造了无人机初为诱饵、一鸣惊人的壮举，开启了无人机作战运用的新篇章。

3.1.1　背景介绍

中东战争是指 1948—1982 年间，阿拉伯国家与以色列在中东地区进行的 5 次大规模战争。战争中，以色列人为了争夺生存权，阿拉伯国家人民为了保卫自己的领土，双方斗智斗勇，进行了殊死搏斗。贝卡谷地之战，是第 5 次中东战争中（亦称黎巴嫩战争）的一场战斗，发生在 1982 年 6 月 9 日至 6 月 11 日，是为夺取制空权和地区控制权与叙利亚进行的一场空战。

1. 作战背景

历史上，叙利亚和黎巴嫩曾是一个国家。叙利亚一直想控制黎巴嫩，进而以"阿拉伯世界领袖"的身份称雄中东。1975年黎巴嫩爆发内战，1976年叙利亚以"制止内战、维持和平"的名义出兵黎巴嫩，并于1981年针对以色列，派出19个防空导弹连进驻贝卡谷地。1982年，英阿马岛战争爆发，成为国际上关注的焦点；两伊战争进入紧张阶段，两国无暇他顾，支持伊朗和支持伊拉克的阿拉伯国家存在矛盾，阿拉伯世界内部已四分五裂；战争中可能支持和配合巴勒斯坦解放组织的叙利亚国内形势不稳定，且黎巴嫩和叙利亚间也有矛盾；归还西奈半岛后，埃及和以色列已达成和解，埃及不会介入战争。以色列瞄准这一有利时机，以其驻英大使遇刺为借口，于1982年6月6日，出动陆海空10万多人的部队，入侵黎巴嫩，对黎巴嫩境内的巴基斯坦解放组织和叙利亚军队发动了大规模的进攻，几天时间就占领了黎巴嫩的半壁江山。此次战争也被称为第五次中东战争，战争发展迅速从黎巴嫩蔓延到周边地区，演变为多边冲突。

1982年6月9日，以色列部队推进到贝卡谷地附近。贝卡谷地，位于黎巴嫩东部靠近叙利亚的边境地区，东、西黎巴嫩山脉之间，距首都贝鲁特约30km。它是一条南北走向的高原谷地、地势起伏，南北长约150km，平均宽度为16km。谷底两侧高山连绵，地势险要，易守难攻，是世界上著名的战略要地，也是中东战争中叙利亚抵御以色列的天然屏障。

以色列和邻国叙利亚积怨甚深，在这次战争之前，叙利亚坚定地站在反对以色列的立场上，叙军的地面部队主力早早就部署在贝卡谷地。以色列为了能够报1973年第四次中东战争中被叙利亚防空导弹击落的几十架飞机的一箭之仇，更为了加快入侵黎巴嫩的步伐，加快实施"加利利和平行动"，以色列出动无人机在贝卡谷地空战中发挥了不可替代的重要作用，也使无人机参战第一次引导了战局的发展。

2. 兵力部署

叙利亚为了防备以色列突如其来的空袭，保护其地面主力部队免受空袭，早已从苏联购买了大量萨姆防空导弹及配套设备，并在苏联的辅助训练下，构建了严密的防空阵地。早在1981年4月29日，叙利亚就将14个叙利亚重型防空导弹连部署进入了贝鲁特以东30km处的贝卡谷地，次年又增加至19个。在ZSU-23-4自行高射炮、SA-7便携式防空导弹的配合下，200多枚导弹和400余枚高射炮组成了一张绵密的防空网。火力范围足以从贝卡谷地覆盖整个黎巴嫩南部，是以色列空军最大的阻碍，是以色列入侵黎巴嫩的"拦路虎"。

　　萨姆-6导弹（如图3-1所示）在20世纪80年代是苏联较先进的地对空导弹。导弹长6.2m，弹体直径0.34m，最大速度2.2倍音速，全弹重604kg。战斗部装烈性炸药，总重57kg。

图3-1　萨姆-6导弹

　　萨姆-6导弹系统采用破片杀伤方式，杀伤面积大。制导方式采用全程半主动雷达自导引，即导弹发射后，地面的雷达始终把电波束对准目标，导弹沿电波方向飞行，直到命中目标。导弹上还装有红外导引头，弹头上的热探测器一旦感受到飞机发动机喷出的热气流，导弹便会紧紧咬住目标。即使不直接命中目标，只是在附近爆炸，弹片也能打中敌机的易损部位。

　　为加快入侵黎巴嫩的步伐，促进"加利利和平行动"计划的顺利实施，以色列在贝卡谷地空战中，将空战体系分为三层：内层是E-2C预警机和波音707电子战飞机，预警机负责与本土的战略C³I系统、陆基雷达、空中战斗机和无人机组成战场管理、指挥通信与情报系统；中层是F-15和F-16战斗机编队，主要执行空中掩护的任务，也可以通过机载的雷达电子设备功能，与E-2C预警机中高空配合，构建更为完善的预警指挥系统；外层是F-4和"幼狮"等战斗机编队，这也是以色列对贝卡谷地实施对地攻击的主要武器。除此之外，以色列还配属了"侦察兵"无人机、"猛犬"无人机等，主要用于战前预先侦察、战时遂行侦察及电子诱骗、战后毁伤评估等作战任务。战前以色列还在贝卡谷地黎巴嫩山脉背面山脚下埋伏了致命的秘密武器——狼式地对地反辐射导弹，可以沿丘陵掠地飞行，对叙军对空导弹阵地实施精确攻击。

主要无人机有：

1）"侦察兵"无人侦察机

"侦察兵"（Scout）无人机（如图3-2所示）是一种由以色列飞机工业公司玛拉特无人机分部研制的多用途战术无人机。主要承担包括实时战场侦察监视、目标识别、炮兵校射和战场损伤评估等作战任务。

图3-2 "侦察兵"无人机

"侦察兵"无人机系统标准组成为8架飞行器、1个地面控制站、弹射架、回收网、运输车和12名地面机组人员（如表3-1所列）。采用轮式起飞或弹射架弹射、轮式着陆或撞网回收。

表3-1 "侦察兵"无人机主要性能参数

性　能	参　数
系统组成	8架飞行器、1个地面控制站、弹射架、回收网、运输车和12名地面机组人员
机长/m	3.68
翼展/m	3.6
机高/m	0.94
起飞重量/kg	118
任务载重/kg	22.7
最大航速/(km/h)	148
实际升限/m	3300
活动半径/km	100
续航时间/h	4.5
发射回收方式	轮式起飞或弹射架弹射；轮式着陆或撞网回收

2）"猛犬"无人侦察机

"猛犬"（Mastiffs）无人机（如图3-3所示）是一种通用战斗监视无人机。在黎巴嫩的贝卡谷地战役中，"猛犬"无人机与"侦察兵"无人机一起执行战场侦察、监视任务。

图3-3　"猛犬"无人侦察机

"猛犬"无人机主要用于光学照相侦察活动，机身体积小，采用很多非金属构件组成，使得敌方雷达系统很难跟踪到（如表3-2所列）。雷达有效反射面积小，仅为0.1km²，雷达系统也很难发现这种小目标，而其光学照相的图像能及时地传送给地面指挥中心。在1981年5月，以色列就是凭借"猛犬"无人机这种优势特性首次拍摄获取到贝卡谷地的航空侦察图片，促使以色列军队采用无人机充当诱饵角色，诱使叙军雷达开机，成为摧毁叙军萨姆-6导弹构成的高、中、低全方位的防空体系的关键一环。

表3-2　"猛犬"无人机主要性能参数

性　　能	参　　数
机长/m	2.5
翼展/m	4.0
起飞重量/kg	85
任务载重/kg	15
最大航速/(km/h)	70~90
实际升限/m	3000
活动半径/km	50
续航时间/h	4
发射回收方式	短跑道或弹射起飞方式； 地面着陆钩回收方式

3）"壮士"无人诱饵机

"壮士"（Samson）无人诱饵机（如表3-3所列）是一种空中投放的消耗性无人诱饵机，也译作"大力士"或"参孙"，是由以色列军事工业公司利用美国空军机载电子设备实验室的研究成果委托布伦斯威克公司于20世纪80年代初生产的。第5次中东战争中，以色列空军成功将它运用于黎巴嫩的贝卡谷地。

表3-3 "壮士"诱饵无人机主要性能参数

性　　能	参　　数
机长/m	122
最大投放重量/kg	181.5
任务载重/kg	35
投放高度/m	9150
投放速度/Mach number（马赫数代表速度）	0.83
活动半径/km	70
发射	空中投放

"壮士"无人诱饵机的使命是迷惑、淹没和压制敌雷达警戒/捕获控制系统。"壮士"无人诱饵机头锥为玻璃钢结构，头锥内通常安放角反射器，在前半球对向雷达时，信号回波与战斗机相当。从战斗机上连续发射出去，雷达信号就像是密集编队的机群突然散开，随后喷发箔条，雷达屏幕满是大片回波信号。

3.1.2 过程还原

1982年6月9日13时50分，以色列在精心准备之后发动奇袭，彻底摧毁了黎巴嫩叙利亚防空导弹阵地，随后又击落了大量叙军飞机，史称贝卡谷地之战，以色列军队给世界奉献了一场堪称经典的军事行动。以色列空军在无人机的协同配合下，只用了短短的6min就摧毁了叙利亚19个萨姆-6地对空导弹阵地，第二天又将叙军夜间部署的7个萨姆导弹连全部消灭。与此同时，以色列空军还以微小代价消灭了大量的叙利亚战机，创造了交换比为0:82的辉煌战绩。

按照以军突袭叙军导弹阵地的作战过程，主要分为战前周密准备，战时经典运用和战后损伤评估三个阶段。

1. 战前准备

在第四次中东战争中，以色列军队已经见识了苏制萨姆导弹的威力。以色列空军对抗阿拉伯飞机的交换率是1∶40，而对抗萨姆导弹的交换率却为2∶4，萨姆导弹已经成为叙利亚军队防空的重头戏，已经成为以色列进军路上的"拦路虎"。战后，以色列为吸取教训，不得不改变空袭突防的技术战术，致力于探究制服"萨姆"导弹的方法。

1）电子侦察，险探军情

以色列借鉴美军在越战中的经验，也将以色列制的大量无人机投入战场。其中，以军的"猛犬"无人侦察机在获取萨姆-6导弹信息资料中贡献最为突出。

1981年4月，叙军刚刚将萨姆-6导弹部署到贝卡谷地，以色列军方就开始精心策划，派出第一架"猛犬"无人侦察机飞往贝卡谷地，以摸清叙军部署在贝卡谷地的导弹阵地情况。然而这架"猛犬"无人机，还没有接近贝卡谷地上空，就被叙军雷达捕捉到了，并成为萨姆-6导弹的"口中肉"。这架"猛犬"无人机以牺牲自己为代价，为以军换取了叙军雷达的工作频率、使用方法和萨姆-6导弹的一些重要情报，并及时回传给以军指挥部，以军再结合特工、其他情报部门提供的信息，找到了对付萨姆-6导弹的方法。

2）侦骗一体，不辱使命

以军为了验证己方对付萨姆-6导弹的方法是否可行，在1982年5月12日，再次派出一架"猛犬"无人侦察机出征贝卡谷地上空。与上次不同的是，伴随"猛犬"无人侦察机出征的还有多架"壮士"无人诱饵机。"壮士"无人诱饵机在前方飞行，模拟有人战斗机的信号，不仅诱骗叙利亚军队启动防空雷达系统，而且成功吸引了萨姆-6导弹，耗费了叙军2枚萨姆-6导弹，从而掩护真正的"猛犬"无人侦察机顺利完成侦察任务，并安全返回。以军在叙军毫无知觉的情形下证实了对付萨姆-6导弹方法的可行性。

3）实战演练，完善预案

以空军总参谋长文坦说："训练比作战手段、武器系统和技术更为重要"。逼真训练，以一当十，则是以军在贝卡谷地战役中取得压倒性胜利的关键一环。

以军根据无人侦察机、电子情报飞机及其他来源的情报信息，获取了叙军在贝卡谷地部署的导弹阵地、雷达及指挥所等重要目标的位置，并掌握了其各种武器技术及通信系统的情况，精心制订了对付"萨姆"导弹的作战计划。

为提高作战效果，以军在1981年至1982年上半年的一年多时间内，特意选取在与黎巴嫩丘陵地形近似的内格夫沙漠中组织多次模拟演习，严格按照行动作战计划实施逼真训练，预警机、无人机、战斗机等全身投入，围绕电子对抗、对地攻击、协同作战等技战术问题演练对叙军防空阵地的攻击，时刻思考"萨姆"导弹的弱点，并根据每次演习过程中发现的问题，及时修改完善作战预案，经过多轮的迭代，使作战预案达到最优，使作战武器的使用做到得心应手，为战役的胜利奠定了坚实基础。

2. 战时运用

1）编队飞行，诱敌开机

1982年6月9日13点50分，以色列首先发射一批"壮士"无人诱饵机飞往叙利亚导弹阵地，每架"壮士"无人诱饵机通过机载的回波增强设备，产生类似F-4有人战斗机的雷达回波，从而使叙军误认为是真正的战斗机来袭，仍然像平时一样从容地将萨姆-6导弹控制雷达一部接一部地开机。"壮士"无人诱饵机很快被萨姆-6导弹的制导雷达发射的电波束发现并死死地咬住不放，当其到达叙军攻击距离内时，几枚萨姆-6导弹腾空而起，轻而易举地将其击落。

2）电子侦察，如影随形

以色列在发射"壮士"无人诱饵机以编队形式扑向贝卡谷地的同时，"猛犬"无人机、"侦察兵"无人机也紧随其后飞往贝卡谷地上空。当"壮士"无人机作为诱饵引诱叙军控制雷达开机后，为了解决目标指示雷达受到干扰的问题，叙军操作员只得使用窄波束的导弹制导雷达对目标进行长时间的搜索，叙军导弹制导雷达的具体位置和信号参数也因此完全暴露给以军。在附近空域执行侦察任务的"猛犬"和"侦察兵"无人侦察机抓住这稍纵即逝的战机，顺利捕捉、收集到叙利亚雷达位置、信号频率等重要情报，扼制了萨姆-6导弹生死存亡的"咽喉"，掌控了扭转乾坤的战场动态情报。

3）接入预警，精确指示

在"壮士"无人诱饵机的掩护下，"猛犬"和"侦察兵"无人侦察机顺利获取了叙军无线电波频率和导弹指令发射频率，并实时地传送给远在地中海安全空域、9000m高空盘旋的E-2C"鹰眼"预警机。雷达预警机通过机载的显示荧光屏，区分敌我参战飞机，掌握上百架飞机的飞行航迹。预警机在短短的时间内就将以色列侦察无人机发送的叙军导弹雷达频率、无线电信号等情报数据计算出来并传输给以色列的战斗机，并最终输送到反辐射导弹的导引头内。同时，预警机实时监视叙军机场飞机的起飞情况，掌握叙军飞机的调动态势，力争一起飞就知晓，并立即通知战斗机去拦截打击，切断叙军的空军支援。

4）协同作战，体系制胜

以军通过无人侦察机获取叙军雷达的关键信息后，随即通过电子飞机机载的干扰设备，对叙军雷达实施有源干扰，并通过 F-4 和 F-16 飞机大量投掷箔条对叙军雷达实施无源干扰，制盲叙军在贝卡谷地的雷达系统、瘫痪叙军的通信系统，使防空系统失去眼睛、耳朵，变成"瞎子""聋子"；之后，以色列出动了具有记忆装置的反辐射导弹，反辐射导弹在接收到空中预警机传来的雷达信息后，自动锁定雷达方位，并主动、准确地扑向叙军地导弹雷达，最终义无反顾地与之同归于尽；当叙军的雷达被干扰摧毁后，美制的 F-16 有人战斗机、以色列研制的"幼师"轰炸机，又再次向贝卡谷地扑杀过去，顷刻间，叙军部署在贝卡谷的导弹阵地化为一片灰烬。

3. 战后评估

短短 6 分钟的时间内，以色列出动多种型号的无人机、战斗机、轰炸机等武器装备，将叙利亚耗时 10 年耗费 20 亿美元的 19 个萨姆-6 导弹全部摧毁。战后，以色列还派出美制的"火蜂"照相侦察无人机对战场进行了损伤评估。

3.1.3　运用分析

贝卡谷地之战中，以色列以无人机打头阵、预警机、战斗机协同配合的作战模式，以微小代价摧毁了叙利亚斥巨资引进、苦心经营多年、称霸中东的萨姆导弹防空体系，创造了无人机作战的经典传奇，由此引起世界各国对无人机的广泛关注，其作战特点具有重要的借鉴意义。

1. 充分的战争准备保证了以军空袭的顺利实施

第四次中东战争，以色列空军损失一百余架战机，其中一大半是被萨姆-6 导弹击落的，以色列士兵对萨姆-6 导弹的恐惧甚至到了谈虎色变、咬牙切齿的地步。尤其是以色列空军蒙受创建以来的巨大损失，立志复仇，重创辉煌。贝卡谷地之战打响前，以军从多方面进行了充分准备。首先，军队复仇心理强烈，积极查找问题，寻求解决方案，制定精密的作战行动；其次，通过美国情报机构、特工等方式窃取萨姆-6 导弹相关技术资料，并引进美国先进的武器装备，自主研发针对萨姆-6 的无人机；最后，战前出动无人机对战场概况进行多次侦察，获取萨姆-6 导弹阵地的部署情况，并大规模地组织针对萨姆-6 导弹作战计划的演练，不断修改完善作战方案。周密细致的战争准备为以色列空袭成功奠定了坚实的基础。

2. 成功的电子对抗是以军创造奇迹的主要原因

电子战是现代战争的重要手段。以军为压制叙军在贝卡谷地的防空导弹阵地同时对抗来援的叙利亚空军，事先就制订了科学周密的电子战计划。电子战飞机针对导弹制导雷达工作频率施放干扰；E-2C 预警机向己方所有空中战机发出指令，对对方施放干扰；遥控无人机大量投撒干扰物。在以军强烈的电子干扰下，叙军无线电指挥通信系统完全被扰乱，制导雷达失灵，导弹失控，以军空袭得以顺利进行。同样，空战中，以军也大量采用了电子干扰手段。叙利亚战机起飞后，不但半自动引导装置失灵，听不清地面指挥，无法了解空中敌情，而且机载雷达荧光屏上布满杂波，看不到目标，飞行员只能凭目视搜索敌机，这样在空战伊始就陷入十分被动的境地。

3. 密切的战术协同是以军赢得胜利的重要保证

贝卡谷地之战，以军的战术可概括为"电子先行，先机致盲，多方协同，由点至面"。空袭前，先以"猛犬"无人机判明叙军防空导弹阵地的准确位置，以"侦察兵"无人机搜集萨姆–6导弹雷达信号，再由电子战机对叙军实施强电子干扰，使其防空导弹雷达失效，地面部队根据无人机送回的情报攻击叙军雷达阵地，同时以色列空军战机在预警机的指挥引导下，摧毁叙军导弹阵地上的制导雷达，使叙军完全变成"瞎子"，最后再用攻击机对叙导弹阵地狂轰滥炸。整个作战过程中，以色列空军和地面部队间的配合，空军不同型号飞机间的配合十分默契，这也是赢得胜利的重要保证。

以色列早就掌握了这些防空武器的情报，并摸透了它们的弱点——萨姆导弹的雷达装备精度差，彼此之间的协同作战效果不佳，反应缓慢，而且不耐干扰。除此之外，从1981年7月开始，以色列空军的电子侦察机也对贝卡谷地展开高密度的空中侦察，叙军对此反应过度，经常开启雷达，并启用通信密语，使以军掌握敌方密语、战斗波段以及雷达布防位置。叙军导弹阵地自从布防后就没再变动过，位置也被以军彻底摸清。

3.1.4 作战启示

无人机电子对抗在未来战争中有着非常重要的作用，要求我们全局谋划无人机作战。一是要科学谋划无人机作战时机，充分利用客观物理、地理环境，善于把握全局利益。二是做好充分准备。不断完善强化训为战、练为战、管为战的思想，加紧军事斗争准备，在人员、物资、装备、信息、能量等多方面细致考虑、实备，确保战时所需齐全完备。三是以奇取胜。广泛运用战法研究成果，加强实战模拟演练，以突然动作达成战略目的。借鉴贝卡谷地之战，可以采取以下几种作战方法。

1. 隐蔽前出、支援侦察

由于大多数电子对抗无人机飞行速度慢，机动能力差，缺少自卫能力，所以一旦被对方发现，很容易被击落。因此无人机要顺利执行电子对抗任务，要精心选择和规划飞行航路，可在远距离支援力量的掩护下，隐蔽进入预定作战地域实施侦察。遂行作战任务时，电子对抗无人机隐蔽飞临至敌防空火力打击范围外，沿阵地前沿我国一侧空域内飞行，完成对敌主要作战区域内的近程防空雷达、炮位侦察校射雷达等电子目标实施电子对抗侦察，实时获取敌方雷达的战技参数及调动部署情况。重点侦察敌各种地面机动雷达、短时间开机雷达，为实施战场雷达盲区分析、电磁态势监控、火力摧毁及评估打击效果等提供战场情报支援。支援侦察可分为普通侦察和重点侦察。其中普通侦察以信号截获为主，强调在短时间内获取敌方全面雷达情报数据，主要包括识别敌方设备的频率，根据截获雷达信号的特征确定雷达的类型和用途，确定敌各型雷达的数量，明确敌雷达作战方法、工作时间等作战规律；重点侦察则需要在对普通侦察结果分析的基础上实施，主要的行动方式是测向定位，并对有怀疑的雷达目标精确测定方位和战技参数。

2. 侦扰一体、引导摧毁

侦扰一体、引导摧毁是利用电子对抗无人机较强的侦察定位、欺骗干扰和引导摧毁能力，实施诱敌开机、伺机侦察、火力摧毁这种软硬一体打击的作战方法。首先，在空中突击力量抵近敌防空导弹高炮防空区前，派遣一定数量的雷达干扰无人机前出至敌方区域内实施欺骗干扰，模拟我军空中突击机群大举进攻态势，诱使敌防空制导雷达全面工作，为实施精确定位、引导攻击奠定前提；其次，伺机侦察是实施精确定位、引导攻击的关键环节。在雷达干扰无人机实施假目标欺骗干扰的同时，要用雷达对抗侦察无人机对敌开机雷达进行侦察定位，伺机侦察获取战场雷达实时参数和具体位置，为精确定位、引导攻击提供关键支撑；最后，雷达对抗侦察无人机将获取的侦察情报信息传递给地面指控站，地面指挥机构通过通信数据链系统将敌雷达情报信息传递给反辐射无人机或携带反辐射导弹的作战飞机，由反辐射武器对防空雷达实施雷达硬摧毁，达成精确定位引导攻击的最终目的。

3. 扰骗结合、电磁佯动

电子对抗无人机在地面电子对抗力量配合下，采用欺骗干扰和压制干扰相结合的方式，以速度和距离假目标欺骗为主，相参压制和噪声压制为辅，实施复合式干扰，以增强异常空情的不明程度，提升电磁佯动效果。一是采用方向佯动方式，多方向对敌警戒、搜索、火控雷达实施假目标欺骗干扰，吸引敌方过早进入战斗准备或采取作战行动，诱使其防空体系经常性处于应付之中，疲惫敌防空兵力和火力，使敌难以判断我突防突击的真正时机，致敌判断上失准，心理上恐慌，行动上疲惫，另外，实施方向佯动时，应辅以必要的火力打击行动和作战力量通信联络，以增强方向佯动的真实性。二是采用时间佯动方式。隐蔽作战时间，其佯动行动时间要提前，一般在作战发起前数小时甚至数天内对敌预警探测体系进行长时间欺骗或压制干扰，在佯动方式与无人机架次的选择上，参照当前敌我兵力态势、电磁与火力威胁、上级作战意图、友邻作战需求等而定。

3.2 车臣战争中无人机电子干扰作战

车臣战争发生在 20 世纪 90 年代，在两次车臣战争中，俄罗斯将大量无人机投入战场，不仅使用无人机执行常规的战场侦察监视任务，还多次完成电子对抗作战任务，创造了不同凡响的作战效果。

3.2.1 背景介绍

俄罗斯是统一的多民族国家（其境内有 130 多个民族）。民族分离主义和地方分立主义活动异常活跃，其中车臣的独立浪潮最猛，影响最大。车臣又位于高加索地区的中心位置上，高加索地区就是苏联主要民族聚居地，44 万平方千米的土地上居住着近 60 个民族。几百年前，人们就形容这里"每座山都是一个王国，每走几步都要讲另一种语言"。封闭落后的地理环境，错综复杂的民族矛盾，使这里成为当今俄罗斯最为头痛的地方。车臣问题不解决，高加索地区很难稳定；高加索地区不稳定，俄罗斯联邦解体的隐患就难以根除，整个国家政局就难以稳定。车臣独立浪潮始于 1990 年 9 月，以杜达耶夫为首的民主派于 9 月 6 日推翻了当地的政权机关，解散了当地的苏共组织。他们于 1990 年 10 月召开了会议，推选成立自己的政权机关。1991 年 6 月，他们又召开第二次会议、推选车臣人、苏联空军某师师长杜达耶夫少将为总统，起草"车臣独立宣言"；1992 年 3 月，车臣拒绝在《联邦条约》上签字；1993 年杜达耶夫又组建起非法武装，对俄罗斯联邦的统一和稳定造成极大的威胁。在多次谈判无效后，俄罗斯被迫动用武力来维护联邦统一。

1990 年出现的车臣危机是随着俄罗斯政治危机、经济危机、民族危机的不断深化，逐步演变为一场局部战争，成为国际问题中的前沿热点。它不仅影响着俄罗斯政局，甚至对整个世界局势都产生着不可低估的影响。车臣危机始于 1990 年 10 月，即在戈尔巴乔夫改革失控之后。1990 年至 1994 年 12 月是车臣危机发生发展阶段；1994 年 12 月至 1996 年 4 月是第一次车臣战争；1996 年 4 月至 1997 年 5 月是谈判阶段；1999 年 9 月俄军进攻车臣开始了第二次车臣战争。

俄罗斯借鉴以色列和美国在几次局部战中的经验做法，在车臣战争中出动大量无人机，其中"蚊子"电子干扰无人机执行了电子干扰有人机与无人机协同干扰等多项任务，发挥了重要作用，取得了巨大成效。

"蚊子"战役无人机由莫斯科航空学院无人机研究所研制，1980年首飞，翼展长2.12m，机身长2.15m，重20kg，飞行速度85～180km/h，航程为100km。装有"阿米巴"或"吸血鬼"噪声干扰器，以及"全球导航卫星系统"接收机。在车臣战争中主要对车臣恐怖分子的无线电通信设备实施电子压制和干扰。

3.2.2　过程还原

1994年12月10日，第一次车臣战争爆发，战争一直持续到1997年5月12日，历时两年零5个月。在这场战争中，俄罗斯传统的作战样式已经无法应对车臣战争，从战争的结果可以看出，俄罗斯不但没有达到其目标，反而为后来留下了战争隐患。无人机电子干扰、诱饵突防行动则为提升电子战效能提供了更多的可能。

在车臣战争中，为了对抗俄军的无线电电子干扰，车臣恐怖分子装备了先进的跳频电台。这种跳频电台的跳频速度达到每秒几万跳，发射机和接收机能够保持良好的同步，从而使该电台工作极其隐蔽，抗干扰能力极强。车臣恐怖分子在战场上的通信距离通常在1~2km范围内，而俄军电子对抗设备距敌6~8km。俄军如果使用传统瞄准式干扰，那么，其电子对抗设备要截获敌通信信号至少要20μs，即便可以瞬间侦获此频率，并把干扰信号传输到敌接收机也还需要20μs，这样从截获敌信号到对敌信号实施干扰共计需要40μs，而这时敌跳频电台的工作频率早已改变，干扰无法奏效；如果使用阻塞式干扰在全频段干扰，那么电子对抗设备干扰功率所消耗的能量非常惊人，这在战场条件下是无法达到的，而且这种干扰方式也会使俄军的电台完全瘫痪。

为此，俄空军无人机部队将"蚊子"无人电子干扰机投入试用，以便对敌跳频电台实施干扰。"蚊子"无人机可飞抵距敌无线电台很近的位置实施有效的电子干扰和压制，且不会影响俄军无线电台的工作，这是俄军电子战飞机和米-8电子战直升机无法企及的。"蚊子"无人电子干扰机安装了"阿米巴"或"吸血虫"噪声干扰器，以及"全球导航卫星系统"接收机。借助安装在YA-3军用运输汽车底盘上的发射装置进行发射，根据预编程序进入指定作战空域。起飞前把预定的飞行航线输入地面移动控制站的计算机和机载计算机内，控制人员可根据战场事态发展随时改变无人机的飞行航线。在平原地带对超短波通信设备的压制半径不小于10km。在空中利用机载计算机控制飞行，根据预编程序进入指定作战空域，并使用"阿米巴"或"吸血虫"

噪声干扰器在敌控制地区上空对敌跳频电台实施密集的低功率阻塞式干扰。任务完成后，"蚊子"无人机使用机腹着陆。由于"蚊子"无人机有效地对车臣恐怖分子的跳频电台实施干扰，俄军不仅减少了武装直升机的毁伤率，而且掌握了战场的主动权。

3.2.3 运用分析

俄军在两次车臣战争中广泛使用电子对抗无人机参与作战，体现了电子对抗无人机在现代作战中的地位和价值，其不同作战阶段无人机的使用策略，探索的无人机作战运用方法，以及无人机作战中暴露的短板弱项，值得参考借鉴或吸取教训。

1. 主要经验

1）随意性强

可随时根据指挥员意图，对指定侦察地域目标实施连续侦察。在车臣战争中，俄军"氚核"军用侦察卫星和伊尔-20电子侦察机只能根据预定的空间轨道和预定的航线飞行，无法按照地面指挥员的意图对地面目标实施连续侦察，获取准确和完整的情报，影响了俄军反恐作战行动的效果。因此，俄军专门指派无人机完成这项任务。当无人机在空中遂行空中侦察任务时，地面指挥员可随时对其提供的侦察地域目标图像进行鉴别和处理，以便为遂行作战行动定下决心。当发现有些图像不清晰需要进一步证实时，地面指挥员可通过地面控制站向无人机发出遥控指令，无人机则根据其指令再次进入指定侦察地域对目标实施补充侦察。此外，无人机还可对敌地面移动目标实施跟踪监视，并获得较为完整的情报。

2）用途广泛

可不必考虑人员安全因素，对难以抵达的地域实施昼夜侦察。在车臣战争中，复杂的地形环境使俄军伊尔-20战术侦察机和地面侦察分队无法对隐藏在这些地域的车臣恐怖分子实施昼夜侦察。由于具有外形尺寸小、飞行高度低和飞行速度慢的特点，"蜜蜂"系列无人机完全可以胜任这项侦察任务。此外，"蜜蜂"系列无人机还可以代替地面侦察分队侦察员在白天和夜间对车臣恐怖分子埋藏地雷等危险地域目标实施空中侦察，这样既不用担心人员的伤亡，又无须派战斗机护航。

"蜜蜂"系列无人机的一个重要特点是生存能力强。无人机的体形小，防空兵器很难打到它，只有在准确掌握其航线的情况下，用密集炮火才能将其摧毁。车臣战争期间，俄军空降兵在巴姆特和维杰诺村及其他地区的作战中曾成功地使用了"蜜蜂"系列无人机，减少了人员伤亡。

3）机动性好

可充分发挥特有飞行性能，获取分辨率更高的目标图像信息。鉴于具有优异的气动布局和较小的外形尺寸以及超低空飞行和较慢的飞行速度等特点，无人机可拍摄较俄军"氚核"军用侦察卫星和伊尔-20电子侦察机分辨率更高的目标图像信息。此外，"蚊子"无人机可飞抵距车臣恐怖分子无线电台最近的位置，对其实施有效的电子干扰和压制，而且不会影响俄军无线电台的工作，这也是俄军伊尔-20电子侦察机和"米-8"电子战直升机所无法做到的。

2. 主要缺陷

美军对无人机的使用越来越倚重，相对而言，俄罗斯在这方面显得有些落后。20世纪90年代以来，随着苏联解体后的经济滑坡和大规模的裁军，俄空军在对待无人机发展问题上发生了根本性的改变，不再把无人机作为一种具有前瞻性的武器系统进行发展，而是将其看作是一种可有可无的空中侦察设备。在这种错误思想的指导下，俄空军只注重发展有人驾驶航空兵，几乎放弃发展无人驾驶航空兵，无人机部队的地位在俄空军航空兵中也被排在倒数第一位。在作战使用方面，俄空军以"合成集团军指挥员对无人机不感兴趣"为借口，放弃了对无人驾驶航空兵作战使用条例的研究和拟定。在武器研制方面，俄空军基本上按照"剩余的原则"发展无人机，其经费使用的顺序：先是作战飞机，再是军用直升机，最后才是无人机。俄空军现役图-143和图-243无人机都是20世纪七八十年代产物，要比美国空军现役无人机至少落后一代。在飞行训练方面，如果俄空军有人驾驶航空兵年均飞行时间为几十个小时，那么无人驾驶航空兵年均飞行时间仅为几个小时，俄空军无人机部队完全处于一种停滞不前和维持现状的境地。技术加上管理方面的原因导致俄军无人机目前还存在着一些缺陷。两次车臣战争中，由于俄军装备的无人飞行器技术含量还不高，战斗使用能力相对较弱，效果不是很理想。特别是在复杂战场和恶劣气候条件下的可靠性较低，俄军无人机在车臣战争中暴露出的问题主要有：

1）续航时间较短，限制了遂行作战任务的强度

在车臣战争中，由于俄军主要出动单批单架"蚊子"无人机遂行侦察任务，因此，续航时间只有2h的"蚊子"无人机无法对车臣恐怖分子的军事目标进行连续的空中侦察，从而使俄军陆航兵和炮兵对车臣恐怖分子实施昼夜24h的不间断突击受到限制。为此，俄军抓紧对"蚊子"无人机进行改进，将续航时间增加到4h以上。

2）复杂气象条件，降低了机载侦察设备的效率

秋冬季节，由于车臣地区气候恶劣，经常是低云、沙尘暴和大雾天气，

因此，俄军无人机机载红外摄像机和电视摄像机的侦察效率大大降低。车臣恐怖分子则往往利用这种天气对俄军进行偷袭，致使俄军作战人员造成较大的伤亡。此外，复杂的气候条件也使俄军无人机的安全回收降落受到影响。在第一次车臣战争中，俄军一架"蜜蜂"-1T无人机曾因天气恶劣，在降落时坠毁。

3）防护能力较弱，增加了无人机的毁伤概率

俄军无人机装甲薄弱、飞行高度低，毁伤概率较高。由于缺乏机载防护设备，俄军无人机在侦察航线上常常遭受车臣恐怖分子各种防空武器的阻击。在车臣战争中，俄军共有6架不同型号的无人机被车臣恐怖分子击落或者因故障坠毁。为此，俄军打算增加无人机在战场的飞行高度，但是，这样又有可能降低机载侦察设备的侦察效率。

另外，俄军无人机的飞行噪声比较强，限制了无人机昼间在城市上空飞行。在执行低空飞行任务时，由于噪声较强，使恐怖分子能及时规避，影响了侦察效果。噪声较大，容易被发现，不具备隐形能力，这也是其战斗使用效率较低的一个重要原因。

4）地形环境复杂，影响了飞行机动性能的发挥

车臣一些地区的地形环境十分复杂，使无人机无法遂行空中侦察任务；而车臣恐怖分子的巢穴和武器弹药库往往建在这些地区。复杂的地形环境在一定程度上制约了无人机的飞行机动性能。

3.2.4 作战启示

俄罗斯军队在1994年和2000年两次车臣战争中重视使用无人机，检验无人机效果。尤其是俄军运用电子对抗无人机侦察监视目标和地形，弥补了有人机在电子对抗侦察方面不足；监测干扰敌通信设备，作战进程中压制干扰敌通信设备效能的正常发挥，以达到阻断敌通信链路的目的。电抗无人机在战争中取得的运用成效对无人机作战运用与发展具有借鉴和启迪意义。

1. 综合运用多种手段夺取制信息权是打赢现代战争的重要保证

俄军为全面夺取并掌握制信息权，综合运用多种手段，软硬结合、攻防一体，猛烈攻击车臣非法武装的信息系统，使其无法"看得见"和"听得清"。一是侦察保障与精确打击结合。俄军利用信息优势，将战场立体侦察系统与精确打击武器的发射平台连为一体，大大缩短了侦察打击周期，提高了精确打击武器的效能，增强了整体作战能力。二是电子攻击与实体摧毁并举。俄军在对非法武装进行电子侦察、电子干扰等电子战行动的同时，还以空军和地面炮兵为主，直接对敌重要的雷达系统和通信设施进行火力摧毁，实施

软硬兼备的打击，使非法武装处于极为被动的境地。如俄军针对非法武装信息系统分散部署、点多面广的特点，航空兵多以双机编队持续不断地实施攻击，直至将其摧毁。三是信息进攻与信息防护一体。俄军在战争中不但注重发动信息进攻，而且还吸取第一次车臣战争的教训，采取有效措施，加强了战场信息系统的安全防护，防止非法武装组织专业人员进入俄军无线电通信网。作战中，各级指挥机关使用了加密通信设备，监督密钥文书的登记和使用，发现泄密情况立即更换；大量使用短信号、密码指令、密码地图和通话表，并经常更换密钥；在城市战斗中减少使用无线电接力通信器材和超短波通信器材等。

2. 充分发挥信息化作战装备效能捕捉战机是争取主动的重要途径

战争之前，车臣非法武装通过国外庇护者的支持，购买了一些具有世界先进技术水平的信息化装备，包括电子侦察器材、电子干扰器材等。这些装备性能先进，战争中被非法武装用于主要方向，一定程度上干扰了俄军的作战行动，为其创造和捕捉战机，对俄军发动袭击提供了支援。非法武装利用先进的电子侦察器材，经常能在俄军刚开始行动时就探测到相关信息，进而做好伏击准备；使用先进的电子干扰器材，对俄军作战飞机、直升机上的雷达系统进行干扰，之后抓住战机，使用便携式导弹击落数架飞机和直升机。战争后期，在俄军对南部山区进行搜剿时，非法武装还经常对俄军实施信息欺骗，诱其出击，干扰受到包围的俄军无线电求救信号，致使俄军多支搜剿分队遭袭受创。

3. 通信保障能力成为制约参战力量整体作战能力发挥的关键因素

参战力量协调一致地实施作战行动是整体作战能力发挥的重要前提，核心是通信保障。俄军由于一些关键信息技术不配套，软件开发、研制不足，在一定程度上影响了打击车臣非法武装的行动。一是通信保障制约协同作战能力。由于俄国防部与内务部、安全总局、特警部队之间的通信器材不匹配，兼容能力差，且在作战中未能建立有效的通信保障、行动支援等协同机制，以至南部山区搜剿作战中内卫部队、特警分队多次遭袭击围困，俄军要么一无所知，要么与其通信联络不畅而未能及时救援，使这些小分队屡次被非法武装伏击重创。二是通信保障制约侦察效率。俄军在作战中发现，其陆军战术级自动化侦察信息搜集、处理、分发系统功能较低，没有配备机动式卫星侦察情报接收系统，使许多高价值信息不能被及时传递、利用。三是通信保障制约火力打击效果。陆军战术级侦察与火力打击平台之间难以实时沟通，使火力打击兵器的效能受到抑制。根据俄军战后统计，受战术指挥自动化系统功能制约，陆军主要火力打击兵器发挥的效能不超过30%。

3.3 纳卡冲突中反辐射无人机作战

在 2020 年秋爆发的"纳卡"冲突中,阿塞拜疆无人机大规模地攻击亚美尼亚的武装力量,给亚美尼亚造成了严重伤亡,也给全世界带来了震撼。"纳卡"冲突充分展示了无人机"面积小、难发现,速度慢、易隐蔽,高度低、易规避,突防能力强,攻击成本低"的优异性能,其中阿军配备的原产于以色列的"哈洛普"反辐射无人机在打击亚军防空导弹系统作战中大放异彩。

3.3.1 背景介绍

纳卡冲突,指阿塞拜疆域和亚美尼亚两国就纳卡戈诺—卡拉巴赫地区(纳卡地区)归属问题爆发的自 1994 年纳卡战争结束以来规模最大、交火最激烈的武装冲突。从 2020 年 9 月 27 日开始,到同年 11 月 9 日结束,历时44 天。纳卡冲突中,阿、亚双方除了大量出动坦克、装甲车辆、自行牵引火炮、远程火箭炮、战术弹道导弹等传统武器装备外,还广泛使用了无人机这一新兴技术兵器参战,使无人机、反无人机作战成为双方交战的一个主要作战样式,贯穿于整个冲突始终。

"哈洛普"无人机(如图 3-4 所示)有时也被称为哈比-2,它采用隐形机身设计,这使得敌方的防空系统难以察觉并对它进行拦截。它还具有很低的热信号特征,这意味着红外武器无法有效地对其进行跟踪,而且其光滑发亮的机身也使得肉眼定位和识别变得困难。这种无人机还具有光电制导功能,因此它可以用来对付非辐射目标或处于关机状态的雷达和导弹防御系统。它有一个内置在机身中的重 23kg 的弹头,可以在战区上空巡飞大约 6h,其续航里程约为 1000km(如表 3-4 所列)。

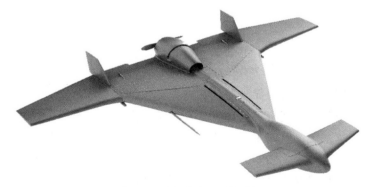

图 3-4 "哈洛普"无人机

表 3-4　"哈洛普"无人机战技性能

战 技 项 目	战 技 性 能
最大飞行速度/(km/h)	220
巡航速度/(km/h)	185
续航时间/h	4
作战半径/km	280

3.3.2　过程还原

此次纳卡冲突，亚阿双方从一开始便摆出不惜一切代价决战到底的架势。2020 年 9 月 27 日当天，亚美尼亚就进入全国戒严状态，进行全国总动员。阿塞拜疆也从同年 9 月 28 日零时起进入"战时状态"。然而，战场的高消耗不久就让双方感到了沉重的压力。

1. 第一阶段

2020 年 9 月 27 日，阿塞拜疆和亚美尼亚两国在纳戈尔诺-卡拉巴赫发生武装冲突。阿方使用"哈洛普"无人机，采取集群突击、诱打结合方式，从阿斯凯兰山口方向低空突防，对舒希肯德阵地制导雷达车实施反辐射打击并成功摧毁，而亚方则只击落了其中 3 架。

在第一天的战斗中，双方共损失 45 架无人机、近 60 辆坦克和装甲车，人员伤亡超过 750 人，此外还包括亚军数个防空导弹系统和阿军的 4 架直升机。随后几天，双方公布的各项战果数据不断翻番。虽然不排除双方有夸大战绩的可能，但对于一年军费约 20 亿美元的阿军和约 5 亿美元的亚军来说，持续的战场高消耗依然是无法承受之重。亚美尼亚被迫拉出"二战"时期的火炮作战，阿塞拜疆也面临着巨大压力。从一定程度上而言，高消耗促成了双方最终停火。

阿军高中低搭配的无人机建设模式在应对冲突的高消耗方面发挥了很大的作用。阿军在战前曾将大量苏联时期价格低廉的安-2 双翼飞机改造成无人机。在战斗中，安-2 无人机负责充当诱饵，在地面控制下飞临亚美尼亚阵地上空，引诱亚军防空武器开火射击，从而暴露阵地位置，紧跟其后的"哈洛普"无人机则负责对暴露位置的亚军防空阵地实施精确打击。可见，面对高消耗的未来战争，不能片面追求武器装备的"高大上"，高中低搭配是提高装备的总体效费比、控制战争成本的有效方式。

从 2020 年 9 月 29 日到同年 10 月 3 日，阿塞拜疆国防部持续发布前线精确打击的视频片段，主要呈现两个新的特点：首先，部分视频的拍摄视角出现变化,目标由远及近,是从攻击者视角摄取,可能是自杀式无人机的攻击影像;其次,视频显示无人机打击的目标类型和攻击范围进一步扩大,部署在战线后方的亚军火箭炮、指挥所、运输车辆和行军纵队均受到无人机的精确攻击,阿军无人机的行动范围已经由前沿地带向纵深推进。

2. 第二阶段

阿亚双方通过谈判,达成停火协议,决定 2020 年 10 月 10 日起停火,但10 日当日冲突再起。阿军充分发挥"哈洛普"自杀式攻击无人机"发现即摧毁"的能力,在对战场实施持续监控的同时,对亚军前沿地带及战区纵深内的各种目标进行精确火力打击,其精准、高效、致命的作战效能颇令外界震撼,再一次让人们深刻体会到"无人机战争"时代已经到来。在为期约一个半月的冲突中,亚军主战坦克、步兵战车、自行/牵引火炮、防空系统等技术装备有 40%以上被摧毁(根据不同消息来源,其总数为数百、近千辆/门不等),同时亚军官兵也遭受重大伤亡(根据不同消息来源,其总数为数千人、近万人不等)。而亚军的这些损失中,大部分为阿军无人机的战果,其余的也普遍与无人机的侦察、监视、引导有关。尤其是到了冲突后期,亚军投入战场的重型装备已经损失殆尽,幸存下来的也因为担心无人机空袭而深藏不出,以至于阿军无人机再无合适的大型目标可打,转而大量用于搜索、攻击亚军人员,战场形势已基本处于"一边倒"的状态。

本次"纳卡"冲突中阿方打击重点为亚方一、二线 4 处 C-300 阵地,结合阿亚双方后期公布的视频、图片、战果等信息,可以梳理出"哈洛普"反辐射无人机的运用概况。

第一次破防。2020 年 9 月 30 日 4 时 30 分许,阿方使用"哈洛普"反辐射无人机,采取集群突击、诱打结合方式,从阿斯凯兰山口方向低空突防,对舒希肯德阵地制导雷达车实施反辐射打击并成功摧毁,而亚方公布击落其中 4 架。

第二次破防。2020 年 10 月 10 日 9 时 50 分许,阿方使用"哈洛普"反辐射无人机,采取集群突击方式,沿阿克拉河支流河谷北上低空突防,从卡格努特村阵地东南侧进入,对"锡盾"远程搜索雷达实施反辐射打击,并对位于制导雷达场坪的导弹发射车实施视频制导打击,均完全摧毁。亚方未形成有效拦截。

第三次破防。2020 年 10 月 17 日前,阿方使用 TB-2 与其他无人机相结合,采取集群突击、低空突防方式,对卡格努特村西北侧 5km 处的 C-300 野战阵地导弹发射车实施打击并摧毁,一架 TB-2 无人机负责抵近侦察和打击效果评估。亚方未形成有效拦截。

第四、五次破防。2020 年 10 月 21 日前，阿方使用"哈洛普"反辐射无人机，采取集群突击、低空突防方式，分别对舒希肯德阵地遗弃车辆和哈纳特萨克阵地导弹发射车实施打击，并完全摧毁。亚方未形成有效拦截。

3.3.3　运用分析

阿方反辐射无人机频频破防亚方防空阵地，既有阿方先期准备充分和战术战法运用得当的原因，也与亚方防空系统型号相对老旧、应对低慢小目标能力弱有关，还更与亚方防空布设的战术不当有关，综合分析主要有以下几点。

1. 阿方成功经验

1）阿方战前侦察充分，战术战法运用得当

阿方针对亚方的打击以由外及内、由南及北的顺序进行，优先清除主要威胁，接连打击一线舒希肯德阵地，二线主要威胁方向卡格努特村阵地、野战阵地，最后打击中部哈纳特萨克且补打舒希肯德阵地。设计合理的打击顺序侧面说明阿方战前已充分侦察，掌握了亚防空体系布设情况。阿方在突击行动中，灵活运用低空突防、编队突击、集群突击、诱攻结合、即察即打、一察一打等多种战术战法，频频得手且战损率较小，说明阿方对无人机作战使用研究深入，性能开发充分，使无人机作战效能在中等强度对抗中得到充分发挥。

2）蜂群压制，纵深打击

此次纳卡冲突，阿塞拜疆在面临地面装甲部队遭到重创的情况下，采用"哈洛普"无人机群突击战影响了整个战局。阿塞拜疆军队利用外国生产、价格低廉的"哈洛普"无人机与巡飞弹，突破对方空中封锁，在人员"零伤亡"前提下打击亚美尼亚部队陆地目标，屡屡取得战果。在冲突爆发的第一时间，阿军就将大量无人机投入作战，在前线展开积极行动。阿军的步兵和坦克部队在己方火炮、导弹、前线飞机和无人机的支援下，侦察并摧毁了前沿地带及纵深的亚美尼亚部队、军事设施和武器装备；同时，阿塞拜疆无人机打击的目标类型和攻击范围进一步扩大，部署在战线后方的亚军火箭炮、指挥所、运输车辆和行军纵队均受到无人机的精确攻击，阿军无人机的行动范围已经由前沿地带向纵深推进，极大地限制了亚美尼亚军队的战役战术机动，使亚军呈现出第一梯队被控制在阵地上不敢行动，第二梯队上不来，装备出来被大量摧毁的不利态势。

3）饱和攻击，全时作战

针对亚美尼亚防空力量薄弱的特点，阿军一次性派出多架无人机执行作战任务，令亚军防空系统难以应对。同时，阿军利用无人机续航时间较长的优势，派出无人机对纳卡地区进行持续性侦察监视，除为作战提供实时的战场态势情报外，也对"漏网之鱼"或者关键目标进行实时攻击，牢牢掌控战场局势。纳卡冲突短短几周，阿塞拜疆军方利用"哈洛普"无人机对地雷达侦察打击的特殊优势，使得亚美尼亚军方损失了百余辆坦克，甚至还利用无人机摧毁了其部署的驱蚊剂-1反无人机系统及多套9K-33地空导弹系统。到阿塞拜疆军队集中兵力进攻斯捷潘纳克特的门户舒沙时，亚美尼亚军队的抵抗已经极其微弱。这次冲突中无人机的运用成为迄今为止表明无人机正改变战场形势的最明确证据。传统战争中使用武装直升机或反坦克导弹，是应对坦克和装甲车辆最为理想的选择。但对纳卡冲突交战双方来说，武装直升机、战斗机价格昂贵，数量有限，基本没有投入战场。以往同亚美尼亚部队势均力敌甚至不占上风的阿塞拜疆部队，却利用低成本"哈洛普"无人机支援地面部队行动，有效摧毁了亚美尼亚防御部队的坦克装甲车辆，夺取了战场局部制空权，形成了有利的战场态势。低成本的无人机能够作为战术航空和精确制导武器，摧毁对手造价高得多的坦克和防空系统等装备。动用坦克装甲车辆等其他武器和训练有素的地面部队的同时也出动武装无人机，显得越来越重要。

2. 亚方失败教训

1) 亚方阵地疏于防护、装备未实施有效机动

亚方遭袭的3处永备阵地均已构筑多年，阵地海拔较高，构筑形式相似，仅有部分装备设施采取迷彩伪装，未实施烟雾遮障、假目标布设等综合伪装，识别特征明显。从侦获的卫星图片看，亚方永备阵地C-300系统部署点位固定，长期暴露，即便在冲突爆发后也未实施机动部署，导致敌方无人机轻易锁定目标，且无须重新进行航程规划，直接成为敌电子和火力摧毁的活靶子。

2) 亚方防空体系不完善，低空防御能力不足

S-300作为远程防空系统，并不是被设计用来抗击"低慢小"目标的。从被打击的4处C-300系统卫星影像看，阵地内均未部署低空防御武器，低空防御能力缺失。为规避山体遮挡，部署于高地的C-300系统又不得不直接暴露在阿方低空火力威胁面前。

3) 亚方电子战能力弱，未形成有效战法和能力

电磁干扰、电子诱骗是应对无人机末端蜂群打击的最有效手段。亚方对阿方无人机反辐射攻击、集群突击应对能力明显不足，其短板弱项不仅仅是防空火力配系问题，更是面对阿方以无人机为主要进攻手段的全新打击样式应对方法手段不足的深层问题。亚方仅有的驱虫剂-1反无人机系统不仅未发

挥作用，还遭到 TB-2 无人机精准打击，更加暴露出亚方电子战能力不足的问题。

3.3.4 作战启示

未来战场上，如何防御无人机破成为下一步我们防空作战必须要面对的难题。通过上述分析，我们可以得到以下启示。

1. 快速反应、适时机动，做到常备不懈

阿方空中破袭前期利用改制的老旧苏制安-2 无人机升空飞行，既消耗防空导弹弹药，又准确侦察到亚方防空阵地具体位置。而亚方防空兵器在进行了一轮打击后并没有及时机动，变更位置，最终遭数轮攻击多次被破袭。这启示我们，在防空作战过程中一定要时刻注意保持战备状态，高度警惕，充分做好战斗准备，做到一有情况或者命令，就能迅速做出反应，及时机动；还要通过训练做到快速组织战斗，快速机动展开，快速分享情报，快速火力打击，时刻掌握主动，果断抓住战机，抗击敌人的突然袭击。

2. 梯次布局火力，强化体系意识，注意情报共享

从亚方防空火力配置情况看，由 C-300、萨姆-4 组成的中高空火力网，看似衔接紧密、互为支撑，实则未形成高中低、远中近相结合的立体火力网系。这启示我们，在防空作战中要加强兵种之间的协同、加强与其他军种的联合，获取更多的空情信息，还要梯次部署兵力、兵器，形成大纵深、多层次的火力配系，即将高炮、便携式导弹配置在防空区域前沿组成前沿抗击火力网，使得最大限度地延伸火力臂。将中程防空武器配置在距离被掩护目标 3~12km 范围内，形成第二道火力拦截网，将中远程防空武器配置在距离被掩护目标 12~50km 的范围内形成第三道防空火力网。当无人机突破一次火力拦截网时，后续拦截火力继续拦截，两线火力密切配合对来袭无人机进行前后夹击之势，不给敌无人机留下"可乘之机"。由配备高精度雷达的高炮分队与便携式地空导弹分队组成梯次火力相继实施抗击，让来袭无人机无机可乘。

3. 多途径干扰压制，建强电子对抗

反制无人机最直接的方式就是通过物理上的硬杀伤将其击毁，最有效手段之一就是电磁干扰。冲突中，亚方仅有的驱虫剂-1 反无人机系统未发挥作用就遭到 TB-2 无人机精准打击，暴露出亚方电子战能力不足问题。这启示我们，加强我防空武器电磁干扰能力、诱导欺骗能力是反无人机作战的关键。防空兵部队应加强电子对抗训练，熟练掌握电子设备性能，充分发挥电子干扰分队的作用，模拟敌方指挥信号，干扰敌人的无线电指挥系统，充分发挥电子防空的作用。

4. 注意隐真示假，做好伪装防护

隐真示假、做好防护是保存自己的主要手段，其主要目的也是为了消灭敌人。为对抗阿塞拜疆的无人机优势，亚美尼亚也想了不少土办法，比如使用假目标。目前被发现的部分被自杀无人机命中的亚美尼亚萨姆-8 防空系统就是假目标。这启示我们，防空分队在复杂的战场环境中必须要严密伪装防护，做好烟雾遮蔽、假目标布设等综合防护，做到积极防护，努力隐真示假。

5. 扩大探测范围，加强雷达研究

雷达是防空兵的眼睛，无人机集群的突防能力与集群构成数量成正比，但随着数量的增多，机群的密度也随之增大，作为单个飞行器行动时由于目标特征很小，难以被雷达发现。新一代反无人机系统和功能更强大的陆基防空系统必须具备的功能包括更好的雷达，以探测和跟踪低雷达散射截面积（RCS）的目标，并辅以光电/红外传感器以实现在更大的范围内探测和跟踪。这启示我们，应该加强雷达研发，制造更多更先进的探测雷达；还要做到正确配置雷达阵地和灵活选择使用方法，增强其搜索、发现目标的能力，及时分享情报，实现防空武器发发命中的目标。

复习思考题

1. 无人机雷达对抗作战的典型运用方式有哪些？
2. 结合战例分析无人机电子对抗作战运用的发展变化。
3. 贝卡谷地之战无人机实施电子诱骗作战发挥的作用是什么？
4. 无人机电子对抗作战流程是怎样的？
5. 反辐射无人机作战模式有哪些？
6. 无人机电子对抗作战的主要任务有哪些？
7. 无人机电子对抗作战在现代战场上的地位作用如何？

第4章

反无人机作战

"有矛就有盾"。随着无人机运用不断发展，反无人机作战也逐渐兴起并不断完善。资料显示，在近代几次战争和局部冲突中，有近200架"高价值"无人机被击落或抓捕。随着世界军事无人化智能化发展进程提速，反无人机将作为一种全新作战样式，在作战概念、制胜机理、方法手段及战法用法等方面，成为未来作战重要研究内容。本章着眼跃杀"黑乌鸦"、捕获 RQ-170、伏击"全球鹰"、挫败"无人机群"和油溅"死神"无人机作战运用效果，形成作战启示。

4.1 跃杀"黑乌鸦"

越南战争期间，美军利用其无人机高空侦察优势，多次侵入我国领空，我国研判形势，总结规律，抓住战机，成功创造了多起反无人机战例，创造了战史上多个首次反无人机空战经典，将为反无人机作战提供良好的经验启示。

4.1.1 背景介绍

1961 年，美国直接介入越南战争，1964 年，中国应邀抗美援越。美空军利用 C-130 运输机发射瑞安-147 型系列无人机，对我国云、桂、琼边境纵深地区实施侦察，窥探我国作战意图。瑞安-147 型（如图 4-1 所示）军用编号为 AQM-34（AQM：空射靶弹），是一个庞大靶机改装而成的无人机系列，可以执行侦察、监视和电子战等多种任务。

图 4-1 瑞安-147 无人机

该无人机翼展 3.91m，机长 7.01m，搭载一个涡轮喷气发动机，最大飞行速度 1176km/h，侦察巡航速度 600～920km/h，最大实用升限达 18.3km，续航时间达 4.5h，最大航程达 3000km（如表 4-1、表 4-2 所列），具有体积小、飞得快、飞得高、范围广的特点，电磁反射回波弱，雷达不易发现，战场生存能力强。这种无人机颜色较暗，飞行时凄厉怪叫（消音效果不好）。

表 4-1 瑞安-147 无人机战技性能

项　目	指　标	项　目	指　标
翼展/m	3.91	最大实用升限/km	16.4～20.2
机长/m	7.01	典型侦察高度/km	10～18
最大飞行速度/(km/h)	1176	续航时间/h	4.5
巡航速度/(km/h)	600～920	最大航程/km	3000

表 4-2 瑞安-147 无人机与歼-6、歼-7 对比

项　目	瑞安-147	歼-6	歼-7
最大飞行速度/(km/h)	1176	1450	2180
续航时间/h	4.5	1.7	1.8
最大实用升限/km	16.4～20.2	17.9	19.8
最大航程/km	3000	1390	1496

4.1.2 过程还原

1. 初相遇未相识

1964 年 9 月至 11 月，人民空军雷达发现"黑乌鸦"连续 4 次入侵我国领

空，由于人民空军对其性能和活动特点不甚了解，虽多次出动歼击机拦截，都未能打下。

2. 歼-6 首次击落

经过前 4 次对"黑乌鸦"侦察活动规律总结与研判，1964 年 11 月 15 日，人民空军第 1 师飞行员、中队长徐开通驾驶歼-6 飞机在海南省海口东南上空拦截"黑乌鸦"（歼-6：最大飞行速度 1450km/h，巡航速度 900km/h，实用升限 17.9km，续航时间 1.7h，最大航程 1390km，武器装备 3 门航炮及空空导弹）。在距离无人机 300m 处时，果断对准敌无人机腹部的发动机喷口，从 230m 一直打到 140m，连击 3 次，炮弹直穿发动机，"黑乌鸦"首次命丧他乡。旗开得胜后，人民空军飞行员信心倍增，一路捷报频传，在接下来的 1 年之内，总共有 9 架"黑乌鸦"被人民空军飞行员击落。

3. 歼-7 首次击落

1966 年 2 月 7 日，人民空军雷达发现"黑乌鸦"又从云南省蒙自侵入中国境内。人民空军飞行员冯全民驾驶的歼-7 飞机紧紧咬住敌机不放（歼-7：最大飞行速度 2180km/h，巡航速度 970km/h，实用升限 19.8km，续航时间 1.8h，最大航程 1496km，武器装备 1 门机炮），迅速将其击落，创造了世界空战史上第一次在高空高速条件下用机上火炮击落无人机的先例。

4. 双机协同击落

1968 年 1 月 20 日，雷达报告"黑乌鸦"从金平东南 30km 处入侵我领空。驻蒙自机场人民空军第 3 师歼-7 作战分队副大队长韩勇武、飞行员周永成驾歼-7 双机起飞，航向 270°，加力上升。转弯接敌前，长、僚机拉开距离，梯次跟进，跃升后长、僚机分别在 8km、14km 距离上发现敌无人机。抵近后，韩勇武和周永成各射击 1 次，将"黑乌鸦"无人机击落，耗弹 58 发。敌无人机残骸坠落于云南省蒙自市南 10km 处。

5. 歼-7 梯次群殴

1968 年 3 月 7 日 13 时 29 分，人民空军雷达在老挝北部发现 1 架美国瑞安-147 型无人驾驶高空侦察机。13 时 31 分，美无人机从云南省勐腊以南入侵，高度 19km，经思茅、祥云以东径直北上。

第 1 次攻击。13 时 44 分，飞行员李跃华驾歼-7 战机右转弯接敌，距敌无人机 28km，在 16.5km 以马赫数 1.8 跃升至高度 19km。距离 13km 发现敌无人机，7km 关加力减小速度，距敌无人机 1km，马赫数 1.3 开炮未中，我机从敌无人机下方 5~7m 冲过。因油量不够，我机返航。

第 2 次攻击。13 时 47 分，副中队长江文兴、飞行员王志跃驾歼-7 双机起飞，航向 280°出航。13 时 52 分右转弯接敌无人机，跃升至 19km，连续攻击未中返航。

第3次攻击。13时55分，歼-7飞机两架，继续追歼敌无人机，因油量不够，飞行员虽发现敌机，但未攻击即返航。

第4次攻击。14时，1架歼-6飞机拦截敌无人机，副大队长沈炳芳驾机距敌无人机7km，高度16.5km开始跃升，至18.5km开炮，因瞄准点偏高，打光炮弹未中，我机从敌无人机上方冲过，随即返航。

第5次攻击。14时25分，飞行员任书海驾驶歼-6飞机距敌无人机7km，高度16.1km跃升，跃升后对敌无人机开炮两次未中，随即返航。

第6次攻击。14时50分，歼-7飞机两架升空拦截敌无人机。再次升空作战的副中队长江文兴、飞行员王志跃驾机于14时54分发现敌无人机，双机随即拉开距离，转弯接敌。我双机分别在15km、16km均以马赫数1.7跃升至19km，瞄准敌无人机，距敌500m，王志跃首先开炮，耗弹17发，将敌无人机击中（起火），王志跃脱离后，江文兴再次对敌无人机射击，将敌无人机右侧机翼打掉，敌无人机当即下坠，残骸落于云南省文山县西的兴山上。此次战斗共起飞6批次9架次，终将敌瑞安-147型无人机击落。

6. 梯次混合群殴

1968年3月15日，"黑乌鸦"从勐腊以南地区入侵中国境内，入境后高度上升至20400m。这次敌无人机入境后的路线是经思茅、祥云改向东南，再经昆明、陆良向南回窜。敌无人机先作高度机动，后作小角度的方向机动。这次战斗人民空军共组织指挥我战斗机起飞5批9架次，其中歼-7飞机4批7架次，歼-6飞机1批2架次，向敌无人机开炮5次，终将其击落。

7. 地空导弹击落

1968年3月22日，人民空军地空导弹2营采用远距离跟踪、近远瞄准打击战法，利用红旗-2地空导弹（红旗2地空导弹：最大射程24.5km，有效射程12~32km，可攻击目标速度为60m/s），在广西宁明地区上空击落美军瑞安-147系列无人侦察机1架，首开用地空导弹击落敌高空无人机的纪录。

8. 歼-5老将立功

1970年2月10日上午9时左右，雷达发现有敌机入侵海南岛。海南陵水机场人民海军航空兵第8师飞行员周新成和祁德起立即驾驶歼-5战机起飞迎敌（歼-5：最大飞行速度1145km/h，巡航速度800km/h，实用升限16.0km，续航时间150m，最大航程1020km，武器装备3门航炮）。两人起飞三四分钟后就发现了目标，然而亚音速的歼-5战斗机（仿制苏联在20世纪40年代末研制的米格-17战斗机）在战斗中只能飞到16km高度，两人却发现"黑乌鸦"正在18km的高空悠然飞行，根本无法靠近，但是已经熟悉敌无人机飞行特点的人民海军航空兵飞行员并未着急。他们知道，敌无人机很快便会降低高度。两人驾机跟踪一段时间后，"黑乌鸦"果然开始按预定程序降低了高度准备加速逃离，很快就落入歼-5飞机的火力范围内。周新成抓住这个绝好机会连开数炮，击中敌无人机尾部，"黑乌鸦"顿时变成了"着火虫"，拖着长长的火舌一头栽进海南岛五指山的一片森林中，创造了用老式战斗机击落敌无人机的传奇战例。

4.1.3　运用分析

在总结战斗经验时，指战员指出，飞行员首先要有不怕牺牲的精神，同时还要有精湛的技术和灵活的战术。

1. 空军灵活运用战术战法

针对无人性能特点，空军立足现有装备，扬长避短，积极开展反无人机战法研究，在对敌无人机遂行打击的作战中，采用灵活机动的战术战法，充分发挥装备作战效能。

1）挖掘潜能，近距离攻击

在多次打击未果的情形下，空军司令员召集指挥员、飞行员，详细分析美无人机侦察机的战技性能，并针对其速度慢，缺少主动规避和打击能力的弊端，讨论得出击落该型无人机的方法：对歼击机精确指挥引导，压准目标航迹。歼击机必须在极短的时间内升高，完成瞄准射击。然而作战飞机歼-6、歼-7高空跃升容易失速，在技术战术方面都面临极大的挑战。空军领航员根据美军无人机飞行高度准确掌握飞机跃升时机，飞行员根据指挥员命令压准敌无人机飞行航迹跃升，并根据观察到的实际情况灵活修正，在跃升改平后，根据与敌无人机方向的偏差，可进一步小幅度修正，迫近500m内，近敌接敌，连续攻击敌无人机直至将其击落。空军在其飞机最大升限不及美军无人机飞行高度的情况下，指挥员、领航员与飞行员密切协同，采取动力跃升的方法对敌无人机进行了近距离攻击，充分挖掘作战飞机潜能。

2）摸透规律，预先设伏

美军瑞安-147无人侦察机多次被我飞行员击落后，美军一方面对无人机性能进行升级改进，研发新型无人侦察机；另一方面调整无人机的飞行模式，使飞行航迹变得曲折多弯。同时还利用147N型诱饵机和侦察机伴随飞行，加大了我军飞行员对其拦截和打击难度：首先，新型无人侦察机飞得更高、更快，当作战飞机爬升到与其相当高度时，会因速度跟不上而无法接近打击；其次，无人机航线弯曲多变，导致作战飞机跟踪困难；另外，诱饵机虽与侦察机一起发射，但到达预定区域后就会分开，诱使歼机追击，最终燃油耗尽坠海。美军新型无人机侦察屡次得逞，然而空军飞行员也在不断复盘总结，逐渐摸透了美无人机的活动规律及飞行特点：美军无人机的飞行程序是预先设定的，无法更改。空军飞行员据此推算出敌无人机航线，在其必经之路上设置埋伏，等其降高加速逃跑时集中火力，对其连续攻击。新战术很快奏效，空军航空兵连战连捷，接连多次击落美无人机。

3）双机编队，多批次攻击

美军瑞安-147系列无人侦察机飞行高度20000m左右，而作战飞机歼-5、歼-6飞行高度远远不及，对美无人机拦截一方面高度不够，即使爬升到接近的高度也会因为速度不足难以近距离打击。为此，空军参战人员针对瑞安-147系列无人侦察机飞行高度和活动特点，研究制定了使用飞得更高的歼-7飞机去打20000m高空敌无人机的作战方案。歼-7飞机双机编队起飞，在转弯接敌无人机时适当拉开距离，实施双机跃升攻击，这样在敌无人机短暂的平飞地段内，有两架飞机连续对其进行攻击，增加将敌无人机击落的概率。

2. 美无人机自身劣势

总的来看，无人机具有体积小、造价低、攻击力强和隐蔽性好等特点，但也存在一些弊端。

在技术上，无人机的机载系统复杂，给其飞行带来了不便。出现故障时通常要返回基地，容易发生摔机事故；自身携带的传感器少，很大程度上要依赖于离机的各种传感器来获取信息，这就存在大量信息流如何管理的问题。飞机与操纵人员之间的交互、协调要比有人飞机复杂得多。一方面要求机载设备的智能化程度要高，需要安全可靠且冗长的数据链。另一方面对操纵人员的素质要求也很高，操纵人员不仅要监控飞机的飞行状态、适时改变航向，更重要的是，必须在关键时刻发出动作指令，使飞机实时快速机动或攻击。

在战术上，无人机执行任务时，无法及时判断地面真假目标，遇到空中威胁时，不能做到先机制敌或实时改变航线；实施侦察时为了拍摄准确图像，通常要实施低空侦察飞行，易被地面武器击中；飞行速度和航线一般比较固定，即使改变航线，也需要进行大角度爬升，这就给反无人机一方提供了有利战机；与其他飞机机载电子侦察系统一样，受天气、烟雾、伪装和电子干扰的影响较大，甚至会失去作用。

4.1.4 作战启示

在越南战争中，美军开创了无人机实战运用的先河，我国在现有装备基础上巧用战术击落多架美军无人机，其成功的经验和失败的教训，直到今天仍然有较强的参考价值。对我国而言，反无人机技术发展和作战研究已成为现实问题，在东南沿海、西南边陲，美国、印度使用无人机对我国边境实施侦察活动屡见报道。尤其是美国，从越南战争开始，就从未间断使用各类无人机对我国东海、南海方向实施侦察骚扰。如何在实战条件下侦测、防控、打击敌方无人机，如何在和平时期驱离、干扰外部势力的无人机，是我国快速发展无人机技术的同时需要关注的问题。

1. 实施电子干扰压制，破坏敌无人机的信息传输

敌无人机在作战使用中要依靠机载电子设备进行实时、非实时地收集信息情报。而无人机的自身携带的传感器不会很多，在很大程度上要依靠离机的各种传感器来获取并利用信息，这就形成了一个很大的信息情报链，任何一个环节出了问题均会影响其整体效能的发挥，甚至可能导致瘫痪。因此，针对敌无人机电子设备的工作频率、波长等实施电子干扰，将使其在复杂的环境下使用受到极大限制，其机载探测设备及数据传输与处理也会受到影响，甚至失灵，从而达到切断敌信息情报链、破坏甚至瘫痪其指挥、协调引导之目的。针对敌小型无人侦察机要通过地面控制站采用无线电传输实时遥控和获取战场信息的特点，对其实施电子干扰更能达到作战效果。利用火箭发射可控定向干扰的空中雷群、金属丝、箔条等，可对无人机实施电子干扰。发射红外诱饵弹，并使弹体爆炸后红外诱饵的分布呈现出防护目标的红外辐射特征，欺骗无人机机载的红外成像制导系统，使其捕捉假目标。集中主要电子对抗力量，干扰无人机机载搜索雷达，为航空兵突击兵力开辟安全的电磁通道。在无人机飞行区域的周围空域多方向、多层次大量布撒金属箔条，形成干扰走廊，同时使用干扰飞机从多个方向对无人机施放大功率有源干扰。

2. 采取先发制人手段，摧毁敌无人机指挥控制平台

敌军无人机的"幕后黑手"是指挥控制平台，打掉了指挥控制平台，无人机就成了没头苍蝇。指挥控制平台一般不会远离无人机，应用目前的通信技术不会超过150km。指挥控制平台对无人机发号施令时，必然留下回信地址，这个回信地址一旦被捕捉到，防御方即可指挥导弹对其指挥控制平台进行"点穴"式的精确打击。对采用通信中继的敌无人机，因中继通信无人机一般只做小机动飞行、速度慢，可直接对中继无人机进行攻击。敌无人机大多数是由地面车辆、舰艇、载机发射升空的。起飞后的控制一般有两种方式：一是按预编程序飞行，二是通过遥测遥控系统实时控制，无人机一般是将这两种方式结合起来的。对敌方无人机发射控制平台采取先发制人的打击，将其摧毁于进入作战空域之前是反无人机作战的首选。首先要建立起多手段多层次的立体侦察网，及时捕捉敌发射信息。其次根据反馈信息或无人机来袭方向，快速判断其控制平台大致方位。对在远离作战前沿后方的敌发射控制平台，运用歼击航空兵、炮兵或请求远程火力支援对其实施火力摧毁。必要时还可派特种分队深入敌后偷袭发射控制平台，另对其部署在作战前沿区域的发射控制平台，可适时组织地面分队出击，利用手中轻重武器将其摧毁。

3. 把握有利战机，实施空中拦截敌无人机

根据远方报告的无人机敌情，若条件许可尽可能由航空兵打击无人机，并在主要威胁方向空域配置飞机，尽远拦截。由于现在的敌无人机多数具有防御能力，无攻击能力，即使有攻击能力，也因其机载弹少，不能与有人飞机实施直接对抗，多数不能识别敌我空中目标。为此，可根据无人机基地和重要保卫目标的位置，研究其出动的主要方向，针对其活动高度、探测能力，分析判断其可能的活动区域，及时掌握其活动规律，航空兵抓住有利战机，隐蔽出航，或在其出没的航线上巡逻，实施空中截击，将其击落或使其改变方向，还可在一定空域上空设置阻塞气球、伞系钢缆，抛射空中雷弹，堵塞敌无人机航路或用飞机布设雷障和火箭抛射地雷、发烟罐、钢球弹等，给敌无人机布设空中陷阱。在 20 世纪 60 年代，美军高空无人侦察机在苏联、中国、古巴、朝鲜等国上空大肆侦察，航空兵以慢表速方法在其作战飞机极限高度上跃升接敌，数次击落美军无人机，就是把握战机，实施空中拦截敌无人机的范例。苏联、朝鲜等国家也曾多次击落美国无人机。

4. 及时探测跟踪、预警，掌握敌无人机的飞行动向

对敌军无人机飞行探测跟踪及预警是打击敌无人机的前提和保证。无人机的低可探测性是其护身的首要法宝，在有效距离对其实施远距离探测是打击敌无人机取得成功的第一步。为了在远距离探测到小型低可探测的敌无人机，除了发展新型低空目标监视雷达外，防空系统的布置在时间上应尽可能超前、在空间上应尽可能扩大。预警机、先进战斗机上装备的下视下射雷达、红外搜索与跟踪装置相互弥补，能发现低可探测飞行器的航迹及其在地面背景中的运动。在敌无人机经常出没的航线上或重要目标附近，建立高中低空、远中近程相结合的对空观察哨，能及时发现空情。

5. 采用隐真示假手段，诱骗伏击敌无人机

敌无人机主要用于执行大范围的连续监视、侦察任务，获取有价值的战略战术情报。虽然能实时获取高质量的目标信息，但也难以透过严密伪装识别真假目标。针对这一特点我们可隐真示假，做到真中有假、假中有真，欺骗、迷惑敌无人机，隐蔽作战行动企图，为打击敌无人机，创造先机。一方面，我们可采用隐真示假手段，利用先进的伪装技术，在敌无人机实施侦察的方向上，对作战指挥机构、通信枢纽、重要机场实施严密伪装，如运用多功能伪装网、雷达角反射、机动烟雾发生器等，达到隐身化，以增大敌无人机侦察、探测的难度，从而增大其滞空时间，为火力打击创造条件。另一方面，我们还可采取诱骗伏击的战法，对敌无人机实施伏击的地形上，多设置一些假雷达、假电磁辐射源、假指挥所和假炮兵阵地等目标，诱其进入火力歼击区；对于已被诱骗进入我火力歼击区的敌无人机，要快速抓住有利战机，充分发挥我军地面各种防空武器的效能。地面步兵分队也可利用敌无人机低空暴露的有利时机，发挥手中轻武器近距离对空射击的威力，力争歼敌于近前。

敌军无人机主要依靠机上航空相机、激光或红外探测器、电视摄像机等侦察设备进行侦察。在敌军无人机飞行方向或重点目标附近施放烟幕，就能降低其侦察效能，从而降低其空中侦察、监视能力。在烟幕的掩护下，轻便高炮还能向敌无人机方向机动，实施抵近打击无人机。实施侦察时的航线比较固定，为此可预先设置伏击阵地，防空部队在其可能进入的方向上占领有利地形，隐藏待机，预先设伏。一旦发现目标，按照距离的远近，可依次由地空导弹和高炮等予以截击。科索沃战争中北约的多架无人机，就是被南联盟军队采取这种伏击战术击落的。海湾战争后，伊拉克曾多次击落美军无人机，也是采取了地面设伏的打法。

6. 构建空中火力网，多层次打击敌无人机

无人机系统具有轻便灵活、机动方便等特点，发射不受时间及战场态势的限制，其自身多功能性和合成杀伤力必将对我军战斗行动构成巨大威胁。所以，我军航空兵、地面部队和海军舰艇防空兵应严密协同，区分空域，合理安排打击次序，给来袭无人机以毁灭性打击。一旦发现入侵敌无人机，按照距离的远近，依次由空空导弹、地空导弹和高炮进行截击。在敌军无人机无掩护飞机的情况下，条件许可时尽可能由航空兵打击，并在主要威胁空域配置飞机，尽远拦截。对一般孤立无援的敌无人机，地面（舰艇）防空部队可根据战场态势，合理安排火力遂行打击。对活动于低中空的敌战术无人机的打击，地面轻武器也可发挥积极作用。

4.2　捕获 RQ-170

2011 年 12 月初美军"哨兵"RQ-170 隐身无人侦察机在伊朗东部地区被捕获。与以往偶然性的物理摧毁不同，由于伊朗宣称俘获的"哨兵"RQ-170在展示中很大程度上是完好的，使得这次"哨兵"坠落明显带有技术击落的特征，因而引发了世界范围内对击落 RQ-170 原因和方法的热议，伊朗实现反隐身无人机侦察的手段也得到了前所未有的关注。

4.2.1 背景介绍

1. 战前态势

第二次世界大战后，中东一直是国际上极为关注的热点地区，历届美国总统日程表上的国际事务相当一部分都围绕着中东问题。半个世纪以来，美国海军始终在波斯湾附近保持有舰只，旨在获得中东地区丰富的石油资源。美国认同"谁掌握了中东，谁就掌握了全球的油管开关"。然而要控制中东油源，美国的两个主要障碍恰恰又是伊朗和伊拉克。同时，在 1979 年伊朗伊斯兰革命后，随着美伊关系由盟友转向敌对，美国对伊朗核发展计划的态度发生逆转。冷战结束后，伊朗重启核计划，引发美国强烈关注，伊朗问题随之浮出水面。伊朗核问题虽是国际核不扩散的重要议题之一，但本质上是美伊关系问题。2001 年 "9·11" 恐怖袭击事件发生后，伊朗问题及其连带的大规模杀伤性武器问题在美国国家安全战略中的地位持续抬升，伊朗核问题开始上升为美伊关系的主要矛盾。围绕核问题，美国开始对伊朗全方位制裁，甚至动用武力相威胁，不断加强对其侦察监视。

在伊拉克战争结束后美军就开始以阿富汗、伊拉克为基地，利用无人机进入伊朗上空开展情报侦察与收集活动，试图跟踪伊朗核技术的进展情况，寻找伊朗开发核武器项目的证据，并发现伊朗防空系统的漏洞。

2. 作战企图

20 世纪 80 年代以来，美伊关系持续紧张，矛盾不断激化。尤其近年来伊朗在核武器、弹道导弹等战略威慑技术的研究逐渐深入，对美国构成巨大挑战。

因此，从 2006 年开始，美国以维护和平、反恐维稳为借口，不断加强在中东地区的战略部署和军事介入，更是利用高性能无人机对伊朗重要军事基地和核心设施实施常态化侦察，高效实时地获取伊朗的军事部署和发展动向。伊朗雷达虽多次发现无人机入侵，但均未拦截成功。2011 年 5 月 1 日美国猎杀本·拉登的新闻震惊世界，伊朗军方对猎杀背后那双神秘的眼睛——RQ-170 无人机极为关注，长期跟踪，总结其活动规律，收集其技术情报。

3. 兵力运用

美军兵力：美驻阿富汗军事基地 1 架 RQ-170 哨兵无人机、地面控制系统及相关人员。

伊朗兵力：谍战人员、电子战系统及其相关人员。

RQ-170 "哨兵" 无人机（如图 4-2 所示），可以隐秘执行侦察监视任务。该无人机翼展约 12m，采用无尾翼飞翼布局，外形与 B-2 隐形轰炸机极其相似，巡航速度 800 ~ 970km/h，实用升限可达 15.24km，起飞重量约 4086kg，任务载荷达 454kg，可同时携带光电/红外/SAR/电子等侦察设备，具有全天时全天候全域侦察能力（如表4-3所列）。

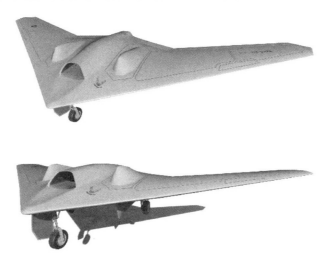

图 4-2 RQ-170 无人机

表 4-3 RQ-170 无人机性能指标

几 何 尺 寸	
机长/m	12.2
翼展/m	27.4
机高/m	2
重 量 与 载 重	
最大起飞重量/kg	4086
最大任务载重/kg	454
飞 行 性 能	
平飞速度/（km/h）	800~970
最大速度/（km/h）	3560
实用升限/m	15240

这型无人机于 2007 年首次在阿富汗南部坎大哈国际机场亮相，被称为"坎大哈野兽"，2009 年 12 月，美军承认该"野兽"即为 RQ-170 无人机。2011 年 5 月 1 日，该无人机被指参与突袭本·拉登住所的区域侦察监视行动，并为奥巴马及其高级国家安全顾问提供了连续的监视视频，同时监控了巴基

斯坦军队的无线电广播。RQ-170 是一种用于对特定目标实施侦察监视的隐形无人机，代表了美军当时隐身飞行器和精密机载设备的最高水准。在远程作战中通过卫星数据链进行通信控制，在导航过程中，卫星导航与惯性导航两种控制方式以卫星导航为优先，这无疑降低了惯性导航的自主性，这也成了RQ-170 无人机的软肋，为其遭遇伏击埋下了巨大隐患。

4.2.2 过程还原

2011 年 11 月 27 日，美国空军第 20 侦察中队在弗吉尼亚兰利中情局无人机指控中心召开作战会议。中队长迈克尔·埃里克传达作战命令：近期将派"哨兵"无人机抵近伊朗境内纵深侦察核设施情报。随后，作战会议针对此次侦察行动的力量构成、指挥部署、任务规划、协同保障等问题进行了研究。

无人机侦察力量由一架"哨兵"RQ-170 无人侦察机、兰利无人机指控中心和空军第 20 侦察中队组成。指控中心通过卫星链路实施集中统一指挥，由部署在巴基斯坦舍姆西空军基地的任务控制单元（MCE）具体执行此次侦察行动，而发射和回收单元（LRE）则部署在离侦察飞行地区最近的阿富汗坎大哈机场。

在核心任务规划问题上，中队长迈克尔·埃里克强调要加载核生化探测载荷，并力排众议，将伊朗东部距边境 225km 的卡什马尔镇纳入航线。

在讨论无人机防护保障问题时，作战会议上形成了两种截然不同的意见：一种意见认为"哨兵"是一款侦察专用无人机，不携带武器，抗打击能力比较脆弱，需要采取相关防护措施，如利用有人机进行协同等；"哨兵"自诞生的那一刻起，其抗电磁干扰的能力就饱受诟病，应运用一切力量彻底排查渗透区域的复杂电磁环境情况，确保侦察任务的顺利实施。另一种意见则认为"哨兵"是高度智能化的杰作，其他世界军事强国也不具备击落隐身战机的能力，况且"哨兵"在出现轻微故障后可自行返回，在出现严重故障时可在"自毁数据"后坠毁，因此不用过多考虑防护问题。

自 2007 年"哨兵"无人机在阿富汗机场偶露尊容后不久，伊朗革命卫队的情报人员就将它的侦察行动特点和规律摸了个一清二楚。

2011 年 10 月，革命卫队不惜重金引进俄罗斯"汽车场"电子对抗系统（如图 4-3 所示），这种电子战武器能够全方位应对飞行高度在 30~30000m 的 50 架飞机和直升机。

2011 年 11 月初，哈吉扎德准将召开边境防御作战会议，判断美军很有可能出动"哨兵"无人侦察机进入伊朗领空从事间谍活动。随后，与会专家就应对"哨兵"侦察的反制措施进行了详细讨论，最终得出了几种候选作战方案。

图 4-3 "汽车场"电子战系统

方案一：防空火力打击。首先由雷达系统发现并锁定"哨兵"，然后用地对空导弹或高射炮火实施火力打击。探测、识别和发现具有隐身能力的"哨兵"虽然难度不小，但仍然有迹可循。不足之处在于，如果用火力将"哨兵"击落，无人机将变成一堆毫无利用价值的残片。

方案二：网络攻击劫持。首先，由黑客入侵"哨兵"无人机指控中心的计算机系统，植入电脑病毒或木马，如"键盘记录木马"程序，窃取所有飞行控制指令，破译指控信息含义。然后，由防务部门的技术专家通过网络和通信系统夺取无人机的导航权，并操纵无人机降落到某一平坦地域。该方案的关键在于破获卫星通信链路的频率、调制方式和密码等技术参数。

方案三：电子干扰伏击。首先，通过网络黑客窃取"哨兵"行动计划，或通过谍报人员掌握其活动规律；其次，防空部队的探测系统根据事先知晓的方位对"哨兵"可能出没的空域进行搜索；最后，发现目标后，电子战部队立刻利用"汽车场"电子对抗系统对空发射电磁波实施压制性干扰，从而切断无人机与地面控制站的数据链路，使"哨兵"失去遥控操作能力，并最终依靠机载飞行控制系统平稳地滑降至地面。但无人机一般都具备自动返航的能力，在数据链路中断后，会依靠机载程序控制系统飞回起降场，难以被俘获。

方案四：重构 GPS 坐标诱骗。重构的方法有两种：其一，利用已知的阿富汗坎大哈机场的经纬度坐标，采用偷梁换柱的手段将记录在机载导航定位系统上的原点变更为新的数值，简而言之，就是替换其原始起飞位置的参数。其二，根据机载 GPS 系统的使用规律，向其连续地发射假的卫星导航定位信号，无人机便有可能根据这一连串强行注入的经纬度坐标，构建出一条飞向"初始升空地点"的航线，在假 GPS 信号的引导下，"哨兵"无人机逐渐逼近

"原点"，直至正常降落在所谓的"阿富汗机场跑道"上。实施这套方案的关键在于，必须事先破解美军的 GPS 系统，否则注入的卫星导航定位信号会被拒之门外。

12月4日，美国兰利中央情报局中心的指控人员正在观看来自"哨兵"无人机的伊朗实时侦察视频时，视频突然消失，巴基斯坦舍姆西空军基地操控员紧急报告失去了对"哨兵"RQ-170 无人机的控制，中央情报局判定"哨兵"RQ-170 无人机失踪。当日晚间，伊朗阿拉伯语电视台卫星频道引述伊朗军方参谋部消息人士的话称，伊朗军方"几个小时前"在毗邻阿富汗与巴基斯坦边界的地区击落一架入侵伊朗领空的美军"哨兵"RQ-170 型无人侦察机，并控制了这架仅受轻微损伤的无人机。从美军发现无人机失控，到伊朗政府对外宣布击落了一架美国无人机，其间相隔的时间很短，以致美军根本来不及采取任何行动。

关于整个事件，虽然美国和伊朗之间争论不休，各方说法不一。但根据伊朗的技术、装备和取得的战况来看，显然伊朗是运用网电一体的方式成功捕获 RQ-170 无人机的可能性更为合理。

1. 多元探情，掌握行踪

早在行动之前，伊朗多次派出谍战人员渗透到美驻阿富汗基地，开展实地探查和情报侦搜行动，掌握了 RQ-170 无人机的活动规律，窃取到部分行动计划。同时，伊朗军事技术专家对先前击落的多架美军无人机进行拆解和技术反推，挖掘漏洞弱项，针对通信导航链路存在的薄弱环节研究反制策略并做出战术部署：一是根据先期情报，在 RQ-170 无人机常态飞行航路上部署多道密集雷达监测网；二是聚焦薄弱环节，针对无人机在伊朗境内的任务区域部署电子对抗反制力量。

当伊朗情报部门获悉一架 RQ-170 无人机将从美军驻阿富汗坎大哈机场起飞，目的地很可能就是伊朗时，伊军迅速进入战斗状态，对重点区域密切侦搜监控，使得无人机一进入伊朗境内就很快被伊军发现，随后通过特征匹配确认了该无人机，之后伊军持续跟踪待其进入反制区。

2. 电磁压制，扰链断控

当无人机飞到伊朗东部城镇卡什马尔上空时，即进入伊军部署的电子对抗反制区。伊电子战部队随即通过俄制"汽车场"电子战系统对空释放大功率电磁信号，重点对无人机上行遥控链路实施压制干扰，切断后方地面站对无人机的有效控制。

3. 导航诱骗，致盲引途

无人机失去地面控制后，会依托 GPS 信号导航进入自驾驶模式。伊军则趁机向其连续发射模拟的大功率卫星导航信号和虚假高度数据。由于地面干扰源相较于卫星距离无人机更近，信号能量更强，因此更易于被无人机导航接收机"采纳"，实现对无人机 GPS 坐标重构。无人机便在这一连串强行注入的虚假导航信息引导下，逐渐逼近"原点"，最终降落在"机场跑道"上，实则是伊朗构设的捕获地域。

至此，一架高价值的隐身无人机便被伊朗以全尸状态捕获，这也意味着美军装备、技术和信息都面临泄密的风险。

2014 年 5 月 12 日，伊朗媒体报道，伊朗成功仿制了该国于 2011 年截获的美国 RQ-170 无人机。伊朗伊斯兰革命卫队航空部队司令部随后举行一次展览，展出了伊朗科学家花费约两年时间破解仿制的伊朗版 RQ-170 无人机。伊朗最高领导人哈梅内伊出席了此次展览。2014 年 11 月 10 日，伊朗发布消息称，伊朗仿制版 RQ-170 "哨兵"无人机 10 日实现首飞。另外，2012 年 12 月 4 日，伊朗伊斯兰革命卫队声称俘获一架在海湾地区搜集情报时侵入伊朗领空的美军"扫描鹰"无人机。这是时隔一年后，伊朗反无人机侦察的又一战果。

4.2.3　运用分析

纵观伊朗捕获 RQ-170 无人机的整个过程，其行动要点主要如下。

1. 行动要点

1）多元获情为保障

在作战前期，特种渗透侦察、通信导航弱点技侦都为后续行动提供了可靠的情报资源；在行动阶段，境内多部雷达组网侦察、追踪监测则为顺利捕获无人机提供了关键的信息引导。

2）电子对抗为支撑

通信链路相当于无人机的耳朵，导航定位相当于无人机的眼睛。RQ-170 无人机通信链路主要采用 Link16 数据链和 SADL 态势感知数据链，具备动态感知、高速调频、直接序列扩频等抗干扰技术，若想对其形成有效干扰就需要对其工作频段发送大功率电磁信号；其卫星导航定位主要采用二代 GPS 系统，抗干扰反诱骗能力有限。为顺利捕获 RQ-170 无人机，伊军综合利用两者弱点，联合使用通信压制干扰与导航诱骗，让其"听不见、看不到"，为实现无人机断链、诱扰、捕获提供有效的技术支撑。

3）博弈战术为关键

此次行动的成功，除了电子对抗技术的重要支撑外，巧妙的电子博弈战术运用亦尤为关键。从电子对抗作用机理来看，干扰压制的目的，首先是确保切断后方对无人机的遥控链路，迫使其转为依赖导航的自主飞行模式，而后导航诱骗才能发挥作用。如果伊军先对无人机进行导航诱骗，那么美军后方地面人员则可根据无人机失常的飞行状态及时调整控制设置，使其快速切换导航方式进而逃离反制区，这样伊军就难以实现对无人机的捕获，因此伊军制定了先压制后诱骗的博弈战术。

2. 胜方经验

1）持久谋划，联合侦察

为了应对美军无人机对伊朗重要军事基地和核心设施的常态化侦察，伊朗从美军清除本·拉登事件起，就盯上了 RQ-170 无人机。一方面，多次派特工渗透到 RQ-170 无人机在阿富汗的起降机场，收集其大量的情报信息；另一方面，潜伏在美军内部的伊朗谍报人员通过各种手段窃取 RQ-170 部署到阿富汗的行动计划。同时，伊朗还构建了多道雷达网对入侵伊朗领空的无人机进行严密监视。伊朗的持久谋划，联合侦察为其成功捕获 RQ-170 奠定了坚实的基础。

2）精心布局，隐秘部署

在前期所获情报的基础上，为了顺利实施对 RQ-170 的捕获计划，伊朗革命卫队在其境内针对 RQ-170 经常出没的区域部署了多道雷达网，便于对其活动规律和性能参数进行侦测与跟踪，并在卡什马尔周边大量部署电子战分队、网络分队，设置隐秘伏击 RQ-170 的包围圈。伊朗还专门从俄罗斯购买了一套"汽车场"型地面电子对抗系统，通过雷达搜索美军无人机，并使用电子干扰设备直接向无人机发射强电磁波，使无人机断链致盲。

3）汲取教训，技战融合

RQ-170 无人机曾多次入侵伊朗领空，伊朗雷达虽然及时发现，但由于其行动诡秘，前几次都未被拦截到而逃脱。而伊朗则及时地对每次的战况进行复盘分析，总结其中的经验教训，一方面，针对其薄弱环节进行技术突破；另一方面，制定出对付美国无人机网电一体的软杀伤战术策略。意在通过技战融合，达到出其不意、隐秘捕获的作战效果。

4）密切协同，网电一体

美国的 RQ-170 无人机在伊朗上空遭受重创是伊朗多元力量密切协同，多种手段相互配合的结果。侦察力量获取无人机方位、行动计划，电子战分队对无人机实施干扰压制，网络分队入侵并接管无人机指控中心，情报战、网络战、电子战等多元作战手段综合运用、网电一体成就了此次行动的成功。

3. 败方教训

1）高估"强隐身"性能，错判伊军实力

美国对其隐身技术过度自信，认为伊朗不可能轻易发现入侵的无人机。即使能够发现，也不认为伊朗能够对 RQ-170 无人机采取有效应对措施。实际上伊朗先前多次击落美无人机，收集到无人机的大量信息，找到防御漏洞，开始制定捕获措施，而美军对此全然未知。

2）忽视"软杀伤"威效，整机全尸陨落

美军 RQ-170 无人机曾多次入侵伊朗进行侦察，都安全返回，致使美军一味认为伊朗不具备对其无人机进行拦截、击落的能力，却忽视了软杀伤对无人机的威效，对链路、GPS 系统存在的薄弱环节，缺乏有效的防范措施，对软杀伤压控无人机的威慑力研判不够，致使 RQ-170 无人机全尸陨落。

3）弱化"强战术"支撑，美军苦尝败果

美军依仗 RQ-170 优良的作战性能，弱化了战术支撑的重要作用，肆意在伊朗领空实施侦察、监视任务，针对伊军战场态势缺乏动态任务调整的策略。针对自身可能存在的短板弱项，没有通过合理的战术战法进行弥补，实现技战融合。最终使伊朗瞄准其薄弱节点，实现破体制胜。

4.2.4 作战启示

从作战效果来看，操控敌无人机比破坏摧毁敌无人机更具有威慑作用，能体现出更高阶的作战水平。此次，伊朗捕获 RQ-170 的行动为反无人机作战提供了思路方法。

1. 密切协同，发挥电子对抗联动效能

在此次行动中，伊朗以电子侦察力量作为先行引导，提供情报支援，后续电子干扰、诱骗力量接续释能，实施通信断链与 GPS 定位重构。雷达对抗、通信对抗等力量密切协同，发挥联动效能。可见，多元协同的电子对抗是提升反无人机"软杀伤"作战效能的有效途径。

2. 技战融合，形成隐其不意制胜优势

RQ-170 曾多次入侵伊朗领空，但由于其性能先进，伊朗雷达虽及时发现都未能有效捕获致其屡次"逃脱"。而伊朗始终未曾放弃，愈挫愈勇，不畏强敌威胁，反复总结反无人机经验教训，探寻 RQ-170 导航信号特征以及可利用的短板弱项，勇于创新探索"软杀伤"高新技术，制定出高度隐秘的技战策略。最终，以电子对抗技术为基础，以博弈战术运用为支撑，通过技战融合形成了出其不意、隐秘捕获的制胜优势。

现代战场不断出现小型化、低成本、集群式无人机作战，反无人机作战

仍面临"察不清、辨不明、防不住、打不尽"的诸多难点,伊朗捕获 RQ-170 无人机为我们提供了范本思路:一是聚焦无人机通信导航的薄弱环节,发挥电子对抗优势;二是直面反无人机作战中的困难挑战,创新技谋一体运用。同时,从反向来看,无人机运用则要认清短板弱项,扬长避短,进而提升战场生存能力。

3. 加强网电作战概念开发,深化强对抗智能博弈作战

伊军在与美军无人机的对抗博弈中,多次总结网电对抗作战经验教训,提出有效制衡措施。在未来的信息化攻防作战中,我们应根据未来战场形态演变和作战需求,进一步加强网电作战概念开发,并根据强敌对手无人化、智能化作战能力发展,深化强对抗智能博弈作战理论研究。

4. 创新网电对抗手段,突出侦扰骗一体化训练

伊军综合运用情报侦察、电子干扰、电磁欺骗等多种手段,发挥联动效能,使哨兵无人机在伊朗上空遭遇挫折。为有效应对强敌威胁,一方面,要不断创新网电对抗手段,拓展延伸信息对抗领域;另一方面,需营造复杂电磁战场环境、构建逼真对手,常态开展侦察、干扰、欺骗一体化网电对抗实战训练。

5. 重视无人系统防御,提高战场持续生存能力

伊军通过重构"哨兵"无人机的 GPS 坐标,接管其控制权,突破了电子战的界限,显示出巨大的震慑力。我们在借鉴操控敌方无人机经验做法的同时,也要注重形成防止己方无人系统被操控的防御能力。在无人机使用训练中,隐藏主战参数,避免核心性能暴露被敌侦测利用。同时,加强无人系统抗截获、抗干扰、抗欺骗能力建设,提高战场持续生存能力。

4.3 伏击"全球鹰"

2019 年 6 月 13 日阿曼湾邮轮爆炸事件之后,美军派遣"全球鹰"无人机侦察伊朗沿海地区,伊朗以这架无人机在没有经过同意的情况下擅自闯入其境内为由,直接发射防空导弹将其击落,全程体现了伊朗现代军事装备发展,并通过技术战术联合实现反高空战略型无人机作战,战术设计合理、战效鲜明有力,低调打灭了美在霍尔木兹海峡军事介入的高调气焰。

4.3.1 背景介绍

1. 双方企图

2019 年 6 月 13 日,随着美伊关于阿曼海油轮遭袭事件争执不断升级,美军空中巡逻平台在波斯湾上空持续保持飞行，以搜集更多的证据，甚至频繁进入伊朗领空。同时企图利用无人机规避《联合国海洋法公约》（该公约主要约束有人机），利用无人机远距离侦察，并试图侵犯领空使伊朗难以直接采取对抗措施。

美军"全球鹰"无人机的常态化侦察，对伊朗军事力量部署等核心军事秘密构成重大威胁。若不对此种行径进行针对性反击，美军将变本加厉，严重损伤伊朗国家主权和民族尊严，因此，伊朗企图通过周密部署，全面掌握美军越境侦察证据，采用防空武器系统对"全球鹰"无人机实施有效反击，进而打击美军肆无忌惮的嚣张气焰，粉碎美军常态化侦察企图。

2. 作战布势

霍尔木兹海峡是世界上最繁忙的石油出口通道，海峡东西长 50km，南北宽 56~125km。海峡北岸是伊朗，阿巴斯港是扼守海峡的重要海港，海峡西侧的伦格港则是伊朗最大的海军基地之一，控制波斯湾向东的出口。海峡中部的数个岛屿是控制海上运输通道的前哨，阿巴斯港东侧是霍尔木兹岛，西侧是格什姆岛，格什姆岛与伊朗大陆海岸平行伸展，是阿巴斯港的天然屏障，也是伊朗守卫霍尔木兹海峡的前哨。大通布岛、小通布岛、阿布穆萨岛处在波斯湾的东端，与海岸上伦格港连成一线，只要在岛上部署岸炮或者导弹就可以有效封锁霍尔木兹海峡西侧。霍尔木兹海峡是通往伊朗内陆的重要屏障，强大的岸基火力是伊朗控制霍尔木兹海峡的利器。海峡的地形特点适合以陆制海，伊朗海军及革命卫队即使不出动舰艇，只依托岸防力量就可对海峡形成三面威胁，反而海上作战狭长的水域限制了大型军舰的威力。伊朗分布在霍尔木兹海峡附近海岛和高山上的 4 个雷达站。四个雷达站之间的距离基本相近，雷达 1 站和雷达 4 站位于海岛和岸边，雷达 2 站和雷达 3 站均位于内陆 30km 的高山上，其中 2 号部署在海拔 2250m 的高山顶上，与雷达 1 站和 3 站的距离都是 250km。三个雷达站相互配合可以完成对霍尔木兹海峡高中低空探测预警的全覆盖。

伊朗已经形成了覆盖全境的防空反导体系，现役防空反导系统主要型号包括美式改进型霍克中低空导弹系统、美式"标准"-1 中程舰空导弹系统、苏制 SA-2 中高空地空导弹系统、SA-5 安加拉（200 套）、S-200 织女星高空远程地空导弹系统。在霍尔木兹海峡沿岸广泛部署的是其自研的"雷神"公路机动型防空系统、"信仰"-373 中远程防空系统、萨意德-3 防空导弹等，伊朗将中程和中远程防空导弹沿海岸线形成梯次搭配、火力衔接部署。

霍尔达德-3 防空导弹（如图 4-4 所示）是伊朗国产版的山毛榉防空导弹，但相比山毛榉防空导弹，其最大射程和射高都有了明显进步。最大射程

75km，最大射高 23km，雷达最大探测距离 210km，火控雷达对 RCS 为 $3m^2$ 的目标发现距离 100km，锁定距离 95km。

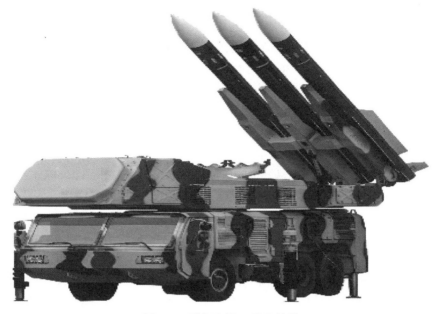

图 4-4　霍尔达德-3 防空导弹

美军早前就将"全球鹰"（如图 4-5 所示）部署在波斯湾多次执行侦察任务。RQ-4B"全球鹰"最大飞行高度约 20000 米，最大飞行速度 644km/h，航程约 26000km，自主飞行时间约 41h，配有防御性电子对抗设备和反导探测装置及红外诱饵弹，可进行机动规避和电磁干扰抵御防空导弹威胁，具有较强的战场防护能力，是美目前性能最好的战略侦察无人机。海军版"全球鹰"经过结构加强更能够适应高空-中空不断机动，提高侦察性能，超出空军版作战性能，可遂行海上监视、信息搜集、战场损伤评估、港口监视、通信中继、作战支援、海上封锁、战场空间管理、海上定位、攻击瞄准等海上作战任务，能够通过保密卫星数据链实现作战情报无缝链接，将其探测的潜在目标及时传送给 P-8A，协同其跟踪和攻击目标，能够显著缩短从传感器到射手的作战反应时间。

4.3.2 过程还原

梳理伊朗击落美"全球鹰"无人机事件，其行动过程大致分为以下四个阶段。

图 4-5　"全球鹰"无人机

1. 引狼入峡

2019 年 6 月 13 日，阿曼湾事件后，美借机加强了对霍尔木兹海峡的战略侦察监视。美军利用"全球鹰"无人机和 P8-A 巡逻机形成有人无人协同对指定区域长时、精确侦察，以无人机为支撑延伸有人机海上侦察视野，企图全面搜集伊朗在该海域军事部署。

2. 隐秘侦察

"全球鹰"侦察过程中机上的合成孔径雷达必然要辐射电磁信号，伊朗不用主动探测技术，而是通过地面雷达侦察系统多站定位，悄悄地被动接收"全球鹰"发射的电磁波信号，既不打草惊蛇，也可掌握其位置，综合多方面的情报，不断掌握美"全球鹰"无人机侦察活动规律：侦察时间长、航线相对固定、协同战术相对单一、侦察行动较为强势。无人机基本是距离伊朗海岸 50km 以内，贴着 12 海里领海线飞行。

3. 秘密部署

掌握规律"全球鹰"无人机飞行特点和活动规律后，伊朗在靠近海岸地带隐蔽前推部署防空导弹，将中程和中远程防空导弹沿海岸线形成火力衔接部署，在海岸线形成绵密的多层次梯次拦截，并实施多个地空导弹火力单元组网拦截，隐蔽发射阵地，意图由一个地空导弹火力单元吸引"全球鹰"注意力，诱其进入其他地空导弹火控单元的打击范围，并利用前一个火力单元掌握的空情信息，进行静默下的防空拦截，最终使"全球鹰"措手不及。

4. 一举成名

2019 年 6 月 20 日，伊朗地面雷达侦察系统多站定位发现了美军两架"全球鹰"无人机和一架 P-8A 巡逻机进入"霍达德-3"防空系统伏击圈后，防空警戒雷达迅速锁定两架"全球鹰"无人机，并果断发射导弹，靠近伊朗内侧的"全球鹰"无人机来不及躲避，中弹折戟；而另一侧"全球鹰"无人机已经感知了伊防空危险，仓皇逃离。

4.3.3 运用分析

长期以来，美军一直利用现有非隐身、长航时无人机在其所谓的关键地区保持实时、持续的态势感知。美军的侦察威慑行动，除了宣布其军事存在、保持对伊朗的军事压力之外，主要企图有三个：一是获取伊军部署、电磁频谱等信息；二是探查伊朗防空系统反应，获取其作战能力数据；三是搜集查证油轮被袭证据，用"证据"取得舆论主动，伺机对伊朗进行制裁。

1. 攻防对抗

1）美军侦察方式——无人技术支持下的灵活战术

一是无视规则，强势自由飞行。"全球鹰"无人机并非首次出现在该区域。资料显示，这架无人机在2017年12月12日和2018年5月13日就曾在波斯湾执行任务。从此次"全球鹰"飞行航迹来看，伊朗对"全球鹰"进行雷达锁定、实时监测之后，这架"全球鹰"并未规避，而是选择不予理睬，继续飞行。美军借《联合国海洋法公约》"自由飞行"的权力，发挥其远距离侦察优势，使对方难以采取直接对抗措施。按照惯例，抵近侦察的情况下，被侦察国家往往会警告、派出战机伴飞并驱离侦察机，但这只适用于侦察机侵犯领空和防空识别区的有人驾驶飞机，而无人机通常无视这一规则。

与此类似，"全球鹰"在对我国东南沿海地区侦察时，也多是如此操作。2012年3月6日和4月4日，美军有/无人双机编队对我国实施侦察，我国对其进行了拦截和警告，但是"全球鹰"并未调整侦察航线，而是继续按预定航线飞行，继续其破坏规则的行为。

二是不择手段，借助民航掩护。"全球鹰"被击落时，有大批民航在同一空域飞行，卡塔尔航空公司的834航班客机距离"全球鹰"最近，约40km。在尺寸有限的雷达显示屏上，布满了各种空中运动目标回波及相应的标识符号，既有大量民航客机回波，又有"全球鹰"、P-8A等美军战机回波，还可能有人为制造的假目标回波等不明空情。面对复杂的空情态势和苛刻的处置时限要求，战斗人员必须依据作战预案，及时进行空情判断和目标识别，容不得半点差错，尤其不能误判目标属性。一旦误判，就有可能导致严重的误击民航事件。

近年来，在对我重点海域的侦察行动中，美军侦察机肆无忌惮。2020年，南海战略态势感知平台通过自动监视系统，多次发现美军侦察机通过更改航空器识别码，伪装成马来西亚、菲律宾等国的民航对我国实施抵近侦察。如2020年9月22日，美军一架RC-135S导弹监视机从嘉手纳空军基地起飞后，信号消失；进入黄海后，改用菲律宾民航识别码，对我黄海地区的军事演习进行密集侦察监视，一直持续作业到当天20点左右。这给真正的民航客机和被冒用的飞机带来重大危险。

三是擦边试探，紧贴基线侦察。战例中"全球鹰"执行的是一次典型的领海基线侦察行动。其特征是预设航线、凌晨起飞、暗夜侦察，利用民航线路、采用民航设备。在近4h的侦察行动中，"全球鹰"大部分时间紧贴伊朗领海基线上空飞行，即使偶尔游走在灰色地带，但其始终不敢长驱直入。此次该侦察机最后进入伊朗领海上空，归根结底，是美军的擦边战术使然。即利用无人侦察机"无人"、被击落影响小的优势，运用"擦边战术"做S形机动，试探对方反应。

结合"全球鹰"对我国重要海域的侦察行动分析，美军行动和此次行动如出一辙。从"全球鹰"对我国南海地区实施侦察的"关岛—南海"线路来看，其航线相对固定。即：从巴士海峡进入南海，折向西北，进入广东东南空域之后，沿着中国华南地区海岸线向西，至海南三亚西南空域后折返，执行侦察任务。侦察中，"全球鹰"紧贴我领海线上空飞行，运用"擦边战术"做S形机动，试探我方反应和底线。

四是双机入侵，协同配合行动。根据美海军的作战理念，"全球鹰"将作为P-8A的补充，并与其协同作战，有效延伸后者的海上侦察视野。"全球鹰"的任务范围，包括海上监视、敌方作战信息搜集、战场损伤评估、港口监视、通信中继，还有作战支援、海上封锁、战场空间管理、海上定位及攻击瞄准。该型机可以在广大区域范围内持续不断地监视海洋或陆地目标，大幅增强美海军的战场态势感知能力；并能通过通用保密卫星数据链实现作战情报的"无缝连接"，将其探测到的潜在目标及时传送给P-8A，协助其跟踪和攻击目标，显著缩短"从传感器到射手"的作战反应时间。

"全球鹰"在我国重点地区实施侦察时，也采用相似的协同战术。多与RC-135系列侦察机、P-8A、P-3C反潜巡逻机和EP-3E电子侦察机等有人驾驶飞机协同作战，完成对我国的例行性侦察和专项侦察任务。

2）伊朗抗击对策——敢打决心支撑下的作战指挥

此次抗击行动中，伊朗地面防空部队无论是在空情保障、目标识别、战术运用，还是在定下射击决心、火电一体协同等方面均堪称完美，特别是打击目标和开火时机的选择上，更是值得借鉴。

一是空情保障无缝衔接。此次打击"全球鹰"的过程中，伊朗位于霍尔木兹海峡附近的4个侦察雷达站选址讲究，作用明显。各站之间的距离基本相近，雷达1站和雷达4站位于海岛和海岸边，雷达2站和雷达3站均部署在内陆离海岸线约 30km 的高山上。雷达 2 站是本地区位置最高也是最重要的雷达站，位于海拔 2250m 高的山顶上。该站与雷达 1 站和雷达 3 站之间的距离都是 250km 左右。3 个雷达站相互配合，完成了霍尔木兹海峡咽喉处高中低空域的全覆盖。

空情处理过程如下：首先，作为空情融合中心的雷达 2 站与其他三个雷达站共同完成了对"全球鹰"的远方空情保障；其次，在远方空情引导下，费拉克雷达搜索发现目标，形成近方空情；最后，将近方空情传递给负责作战的霍尔达德-3 导弹连。通过搜索雷达和制导雷达的紧密配合，该连完成了对"全球鹰"的搜索、跟踪、制导和射击过程。

二是防空系统精准识别。由航迹图可看出，伊朗对"全球鹰"的飞行轨迹了如指掌，从起飞到击落全程掌控，显示出伊朗卓越的空中管制能力。其中，伊朗的防空指挥系统发挥了关键作用。从这条航迹来分析，伊朗此次行动绝非偶然。2019 年 6 月 13 日，阿曼湾油轮遭袭事件发生后，美军亟须得到伊朗海上高速攻击船只的相关情报，出动"全球鹰"长时间、频繁地在该地区巡弋，导致其活动规律被伊朗掌握。虽然该机在起飞后不久，采取了关闭应答系统、降低飞行高度、藏身民航客机背后的手段，但由于其长期不变的航线和以民航作掩护的惯用伎俩，以及与 P-8A 固定的协同方式，使其失去了行动的隐蔽性。

三是战术手段灵活运用。在近 4h 的侦察行动中，"全球鹰"整个行动过程一直小心翼翼，即使是运用擦边战术偶尔窜犯伊朗领海上空，也会很快调整回正常航线。直到凌晨 4 点 2 分，"全球鹰"突然大幅度偏离航线进入伊朗领空，行动极不寻常。事实上，这次"全球鹰"的突然偏航是伊朗实施了军事欺骗。为吸引"全球鹰"进入伊朗防空部队的设伏地域，伊军除了利用"全球鹰"的擦边战术使其自投罗网外，更多则是采取灵活的战术诱其进入导弹的埋伏地域。即在某些敏感地区，特别是地空导弹的设伏地域"投其所好"地做一些战术佯动，比如在海峡沿岸派出高速攻击型舰船吸引"全球鹰"或有意释放"高价值"的电磁频谱信息，成效明显。

四是射击决心立足全局。定下射击决心，需解决三个问题：①打不打；②谁打；③打谁。通过对整个事件的分析，伊朗在霍尔木兹海峡附近苦等"全球鹰"高空侦察已久，击落的意志和决心不可否认。结合伊朗的防空部署来看，其南部已经形成了远中近程、高中低空相衔接的防空体系。从战斗部署看，海峡附近的防空导弹连有多个可对"全球鹰"实施射击；从导弹类型看，采取国产导弹系统作战，可有效提振士气，彰显本国军事实力，减少保障难度。因此，伊朗最终选择了装备国产的霍尔达德-3 的导弹连。在"全球鹰"和 P-8A 两者之间，究竟该打谁需要综合考量。目前大多数国家对无人机和有人机的态度是区别对待的，对无人机开火的条件往往比较宽松。因为"无人"的特征，使其被击落后影响较小，而击落有人机后果较为严重。因此，伊朗选择拦截"全球鹰"。

五是火电协同高效抗击。因"全球鹰"性能所限，生存能力较差，不可能依靠速度快或机动性强来逃脱导弹的拦截，只能依靠机载自卫系统和拖曳式诱饵摆脱导弹攻击。该次作战发生在夜间，伊朗对"全球鹰"的空情信息和射击诸元主要通过雷达系统获取。既然"全球鹰"带有自卫系统，对于防空系统的制导雷达应该不会毫无反应，但直到被击落，其自卫系统也没有发挥作用。伊朗方面针对"全球鹰"机载自卫系统专门研究了两种应对方案。方案一是通过多部雷达不同频段同时照射"全球鹰"，令自卫系统判断失措；方案二是采用近快战法，令自卫系统无暇应对。实践证明，伊朗的应对方案是合理有效的。

2. 作战特点

伊朗此次在霍尔木兹海峡，通过隐蔽前推部署，使用火力伏击"全球鹰"无人机，取得了意想不到的作战效果。主要呈现出以下 4 个方面的特点。

一是隐蔽突然。鉴于"全球鹰"无人机有主动干扰系统，如果在较远距离开火，它会施加干扰并立即变更航线，逃跑机会很大。因此，伊朗采取近快战法，隐蔽前推部署导弹系统，在美无人机最靠近其领空的瞬间，突然启动雷达锁定目标，发射导弹将其击落，实现了"兔子蹬鹰"的作战效果。

二是时机精准。伊朗在此次伏击行动中，精心选取霍尔木兹海峡的有利地形，隐蔽自身作战企图，在综合多方情报，全面掌握整个地区空域空情态势的基础上，精准选择开火时机，一举击落实现猎杀。

三是协同严密。伊朗在此次抗击行动中，体现了在指挥控制、火电一体、空情保障等方面严密协同，实现了空情保障无缝衔接、防空系统的精准识别和火电协同的高效抗击。

四是成效显著。伊朗在此次伏击行动中，采取国产霍尔达德-3 导弹系统而非 S-300 防空系统，击落"全球鹰"无人机而不打击 P-8A 反潜巡逻机，有效提振了部队士气，彰显了本国军事实力。

3. 技术支撑

1）雷达探测

在此次拦截行动中，2 号雷达站发挥了主要作用，其他三个雷达站配合 2 号雷达站共同完成了对 RQ-4A "全球鹰"高空无人侦察机的跟踪，同时也为伊朗防空部队提供了该地区空域的空情态势信息。无人机飞行高度较低，可能是正在使用光电设备对海上目标进行高清拍摄。被击落前,这架"全球鹰"正保持6700多米的高度,以575km/h左右的巡航速度,贴着伊朗领海线上空向西北方向飞行。事后,伊朗率先展示了无人机残骸,以此显示美无人机侵犯了其领空,令美国百口莫辩。由于伊朗发布的画面是在夜间拍摄的,视频非常模糊,不过根据发射车类型来看,此次使用的导弹可能为"鸟"2B(Taer 2B)或"赛义德"2C,两者都是以裸弹的形式安装在移动式发射架上的。

在整个"全球鹰"击落事件中,分布在霍尔木兹海峡附近海岛和高山上的4个伊朗雷达站也功不可没。将雷达部署于高山(海拔2250m)上可增加对低空来袭飞机的探测距离(超过200km),4个雷达站相互配合,完成了对霍尔木兹海峡最关键的咽喉处的低中高空空域探测预警的全覆盖。在2015年10月的Moharram的演习中,伊朗军方还展示了一款名为Fath-14的固定式远程预警雷达,它对高空目标的探测距离超过600km,能够实现对阿联酋上空空情的探测。由此可知,在此次打击"全球鹰"的行动中,伊朗防空部队的指挥机构对整个地区空域的空情态势了如指掌。在抓住美无人机最靠近伊朗领空的瞬间,伊朗防空部队果断启动车载制导雷达,锁定了目标,发射导弹将其击落。这类似于我国空军部队创造的以压缩开天线距离、快速战斗操作为要义的"近快战法",显示了伊朗防空部队不俗的指挥艺术和快速反应能力。

2)导弹拦截

"塞沃姆·霍尔达德"防空导弹系统的作战过程与"山毛榉"导弹类似。其Bashir三坐标搜索雷达平时按6r/min的速度进行对空警戒,一旦进入作战状态,就以12r/min的速度在方位上进行搜索,同时在俯仰上进行频扫,一旦发现目标,就以1次/2.5s的数据率向目标分配台输送粗精度的点迹视频信号,目标分配台在对目标建航的同时,还进行目标运动诸元的粗略计算、威胁评估,以选取适当数量的目标给精跟显控台,精跟显控台的计算机完成精确的目标航迹平滑外推和目标运动诸元计算。这些信息都送到数字式计算机,并启动作战应用软件、完成目标的威胁排序、拦截目标概率预评估等,并进行火力分配。计算机将所要拦截目标的信息一路送给目标照射雷达,一路送给射击控制台。目标照射雷达一旦收到目标坐标信息后立即调转,把波束指向目标方位并连续跟踪。计算机计算出来的为保证单发杀伤概率0.8的垂直平面发射区显示在射击控制台上,一旦目标进入该区,计算机已算出导弹的最佳弹道参数、发射倾角等,并把它们送入导弹发射装置,由它来完成导弹的飞行参数装定和发射架调转以及导弹的发射。导弹离架后执行程序飞行,飞行 3~4s 后（约 1km），弹上雷达导引头开始搜索目标，搜索范围 5°~7°，截获目标概率为 0.95~0.98，一旦雷达导引头截获目标，导弹以弧形弹道拦截低空、超低空目标。为保证导弹的引信波束不接触海面或地平面，导弹始终处于目标的上空，在接近目标时，以 20° 左右的俯冲角逼近，直至命中目标。导弹对目标的毁伤效果可以从射击控制台的显示屏上观察到，如果目标亮点改变运动方向或消失，说明已击中；如果目标亮点按原点方向运动参数不变，则未被击中，这时指挥员可以决定再发射。由于导弹采用了弧形弹道拦截超低空目标，可有效消除海杂波及镜像多路径效应对导弹制导的影响，因此，该系统具有反巡航导弹能力。

4. 战法运用

伊朗伏击"全球鹰"无人机，主要采取了"多源情报侦监、精选地形设伏、隐秘前推部署、精选时机快打"的战法。一是多源情报侦监。在长期侦察与反侦察斗争中，伊朗采取雷达侦察系统多站定位接收、有人机伴飞跟踪等手段，对"全球鹰"无人机全程跟监，为地面防空力量报知目标定位和信息。二是精选地形设伏。伊朗选择霍尔木兹海峡作为拦截地点，充分利用海峡狭窄、有利预判航线的地理优势，打出了一场预有准备的防空伏击战。三是隐秘前推部署。伊朗采取隐秘前推部署防空导弹的策略，并对靠近海岸地带进行隐蔽伪装，使得美军无法准确发现其防空导弹阵地，避免打草惊蛇。四是精选时机快打。伊朗除了利用"全球鹰"擦边战术使其自投罗网外，将地空导弹设伏地域"投其所好"地做了一些战术佯动，在海峡沿岸派出高速攻击型舰船吸引"全球鹰"或有意释放"高价值"电磁频谱信息，并且在其进入打击范围后，利用近快战法，令其自卫系统无暇应对，确保了火力打击效果。

5. 经验教训

"全球鹰"无人机，创造并仍然保持着无人机领域的多项世界纪录，是目前世界飞行时间最长、飞行距离最远、飞行高度最高的无人侦察机。然而，这一切并没有阻止伊朗的伏击猎杀。经过分析，主要有以下 4 个方面的经验教训。

1）航线固定是致命弱点

美海军在波斯湾部署"全球鹰"无人机，主要任务是执行霍尔木兹海峡海上侦察。但长期以来，美军无人机的航迹规划和飞行航线却相对固定，均是沿伊朗防空毗邻海域实施机动，给伊朗防空力量实施跟踪提供了巨大便利。在长期侦察与反侦察斗争中，伊朗对"全球鹰"无人机的高度、速度、方向等飞行参数以及起飞时间、开机时间、返程点位及返程时间都精准掌握，使

"全球鹰"无人机一进入霍尔木兹海峡,便处于伊朗的严密监视之下,这也是此次"全球鹰"无人机遭伏击的根本原因。

2)挑衅侦察是赌运博命

"全球鹰"无人机与 P-8A 反潜巡逻机编队飞行,协同执行侦察监视任务,是美军"全球鹰"无人机作战应用的典型样式。然而,这两种机型均为超大型航空器,暴露特征明显且飞行速度相对较慢。发现可疑目标后,有时还需下降高度、降低速度对目标进行详细侦察。同时,"全球鹰"无人机为进一步施压,采用抵边挑衅侦察,甚至短暂进入对方领空。这种挑衅式赌命侦察,给作战对手留下可乘之机,是此次"全球鹰"无人机遭猎杀的直接原因。

3)娴熟战法是胜战基础

反无人机作战一直是伊朗部队重点演练科目之一。早在 2011 年,伊朗就在其东部边境,成功捕获一架美 RQ-170"哨兵"无人侦察机。此次伏击"全球鹰"无人机,伊朗准备充分,势在必得,对美无人机行踪可谓了如指掌;对其采取地面雷达侦察定位而非主动探测,防止暴露作战企图;秘密前推部署防空系统,采取近快战法击落"全球鹰"无人机。可以说,其前期的侦察研究和娴熟战法为取得此次战果提供了基础支撑。

4)体系作战是制胜之机

此次抗击行动中,伊朗防空部队各单位、各部门的密切协同配合,使其作战效能形成体系优势,把战术战法转化为实战动作。可以说,一体联动、体系作战,是取得"全球鹰"无人机首次被击落优秀战果的制胜机理。

4.3.4 作战启示

近年来,周边国家加快各型无人机部署,并投入无人机参加作战,执行任务由原来的侦察和监视,逐渐延伸到精确打击、通信干扰、精确定位等领域。从当前我国重要海域上空无人机活动规律看,敌方主要采取有/无人机联合对我国挑衅施压的手段,在钓鱼岛和平湖油气田周边、台岛西南、巴士海峡建立侦察阵位,控守重要航道和敏感海域,搜索监视沿海重要目标点位及远海的活动兵力。在未来决战决胜中,其行动将对我国沿海阵位、航渡编队等重要目标产生严重威胁。

1. 构建联合预警体系

一是多手段立体侦察。当前,地面防空兵空情预警主要依靠地面雷达进行搜索,易受电磁干扰和地形特点的影响,特别是边境地区山体高大、雷达盲区多、发现目标难,因此要综合运用卫星、侦察机及无线电技术侦察等预警手段,密切配合,对敌军可能发射无人机的平台、基地及无人机活动情况实施不间断的侦察，以便尽早发现、尽早报知。二是多方式低空补盲。在地面组织警戒雷达网，充分发挥防空作战值班部队的作用，结合山地通道地形，利用部署在边境线附近的雷达，有效实施中低空补盲；加强与边防一线连队的协同，发挥其观察哨作用，获取空中情报，弥补雷达盲区，形成低中高混合部署、远中近合理搭配的全方位观察网，增强对低空突防无人机的跟踪和识别能力。三是多军种空情融合。要尽快完善陆空军空情信息系统的构建和融合，统一雷达数据接口、代码格式，打通空情共享链路，融合每部雷达的空情，做到对上融合、对下共享，将空情传输到整个指挥体系、雷达末端，确保"一点发现、全网皆知"，提升防空部队的预警能力、缩短反应时间，进而提高拦截概率。

2. 形成整体抗击体系

一是兵力部署以抗击无人机为主。根据敌无人机的种类、性能和飞行规律，有针对性建立防空部署。如在中国和印度边境西中段，印度主要使用苍鹭无人机沿实控线附近，采取往返飞行或原地盘旋的方式，对我国边境地区实施侦察。因此，在兵力部署上，可在其飞行的航线和越境地域附近选择合适位置，一线式重点部署机动性能好、战斗效率高的便携式地空导弹或高炮武器系统，出其不意、突然攻击。二是综合考虑抗击多机型的防空部署。在战术运用上，无人机通常以先期侦察、引导打击、充当诱饵使防空阵地暴露目标等为主要目的，配合其他空袭兵器，多机型协同运用，以达到有效空袭的企图。因此，要充分考虑多重任务要求，根据防空兵力的构成与规模，按照性能优势互补的原则，建立梯次、混合、动态的防空部署，保证防空火力的严密性和有效性，为抗击多机型空袭兵器提供有力支撑。三是建立信火一体的防空部署。要充分发挥电子对抗力量的优势，干扰敌无人机电子侦察系统、控制系统和制导系统，形成软杀伤力，与地面防空火力配合，统一编组、统一配置，形成有效部署。

3. 高度警惕侦察威慑运用

一是侦察威慑是突破性的威慑观。2020 年 4 月，美国战略预算与评估中心在其研究报告中首次提出"侦察威慑"的作战概念，主旨是利用现有非隐身、长航时无人机系统网络，在西太（西太平洋地区）和东欧关键地区保持实时、持续的态势感知能力，达到慑止地区大国目的。通过在重要地区部署无人机系统并利用组网侦察，"拒止中俄在西太或东欧地区对美国盟友或伙伴国发起的所谓侵略行为"。这一概念显然突破了传统的"威慑"概念。

二是侦察威慑是加强版的包围圈。美军 2020 年的报告尚未将目标瞄准中、俄，但 2021 年的侦察威慑行动，却已明显聚焦印太（印度洋和太平洋及其沿岸国家和地区)。美军的"侦察威慑"行动主要有：监视台湾海峡；定期侦察中国大陆沿海地区，包括监视更远处的东海水域；在东海附近利用无人机对钓鱼岛进行持续监视。通过在东海、南海和印度洋构建覆盖空中、水面、水下的庞大侦察体系，形成针对中国的包围圈。这实际上就是扩大化、网络化、立体化的"岛链"。

三是侦察威慑是迷惑性的作战手段。"侦察威慑"的目的并非仅限侦察。报告指出，"除侦察外，还可以建立旨在共同巡逻和做出反应的联盟"。这实际上也反映出美国更大的野心。在"OODA 环"理论中，"侦察"是打击链中的重要一环。而在信息化、无人化、智能化越来越发达的时代背景下，在发现即摧毁的战争条件下，精确侦察意味着摧毁。伊朗之所以能够一举击落"全球鹰"，正是由于及早识破了美军侦察威慑图谋，充分发挥其南部岸岛海一体化防空优势，长期平战统筹，时刻备战打仗，才能在关键时刻，抓住稍纵即逝的战机，最终赢得主动。

4. 加速创新一体反无战法

一是岸岛海一体化建系。所谓岸岛海一体化建系，指在濒海地区近岸及近海浅近纵深区域内，诸军兵种分布于陆地岸上、沿海岛礁、近岸海域的各种防空作战力量，在防空作战指挥机构统一指挥下，以指挥信息网络为依托，以空情信息共享为手段，以预警联合、指控统筹、火力分担为标志，构建以威慑和实战双重目的并举的联合防空作战体系。以海为前哨。海上航空兵、海上编队防空力量相结合。海上防空是我军整体防空作战的"屏障区"，对敌军空袭兵器实施前沿侦察预警和第一道拦截。以岛为支点。岛上防空兵、海上编队和海上航空兵相结合。岛上防空是整体防空作战的"缓冲区"，对敌空袭兵器实施第二道拦截。以岸为依托。岸上地面防空力量、航空兵、舰载防空力量相结合。该区域防空是整体防空作战的"核心区"。岸上防空与岛上防空相衔接，形成由岛到岸的多层防空地带。

二是电雷哨网络化侦测。即利用陆军防空兵现有侦察力量，建立网络化侦察预警体系。电即无线电侦察网。由专门装备无线电技术器材的地面电子侦察站、投掷式侦察台、电子侦察船等构成。雷即雷达侦察网。由侦察雷达、搜索雷达和制导雷达等构成。部署上按照"区分重点、频域交叉、性能互补、混合配置"的原则实施；混合部署 04E、11 型雷达于海岸突出部，前伸侦察力臂；混合部署 07A、10 型雷达于易低空进袭方向，尽远发现目标；运用上按照"区分任务、灵活启用、梯次投入"的原则实施。哨即观察哨网。拓宽信息渠道和信息来源。组成以远方观察哨、近方观察哨、阵地观察哨相结合的观察哨网。按照哨位交错配置、观察界相互衔接的原则，构成对空观察网，做到点与点相通、线与线相连，减少侦察预警系统的盲区死角、增加信息来源。

三是控扰毁多样化拦截。伊朗在牢牢掌握作战区域的制电磁权后，号称性能优异的"全球鹰"机载自卫系统无法正常工作，拖曳式诱饵完全失效。具体到重要地区抗击强敌无人机，可采取阻断控制、电子干扰和火力毁伤等多种手段。控就是阻断控制，即切断无人机数据链，控制其飞行指令。扰就是电子干扰，主要包括电磁干扰瘫指控和压制干扰断导航两种手段。中断无人机 GPS 导航链路是反无人机的关键。毁就是火力毁伤，主要分为两种情况：第一种情况是活用火力、回避导弹射高极限，具体对策有远扰近打和近开快打；第二种情况是多法并举、应对无人机自卫逃脱，对策包括运用"近快战法"和采用多向同时拦截。

5. 常态推进联合防空演练

一是转变理念，理技结合。针对当前现状，需要有针对性地优化演练的规模层次，在重点区域、重点方向开展联合防空综合演练，注重综合能力的提升。演练中，着眼强敌军事行动，重点针对其作战概念、条令、条例和历年演习的方案计划等，摸清作战规律，找出强弱点，研究反制战法；着眼作战难题，重点针对联合防空演训实践中长期困扰的、技术手段难以解决的瓶颈问题聚力攻关，从战术战法角度寻找突破口；着眼理技融合，重点针对无人化、智能化等先进作战装备，创新战法，充分释放高技术武器作战效能。

二是优化内容，通专结合。在加强综合演练同时，增加反无人机专项演练。战例中伊军能够成功击落"全球鹰"，与其在该区域进行的多次反无人机演练密不可分。①加强抗击特定无人机的训练，强化一线人员对强敌无人机性能、特征等信息的掌握；②提高发现、跟踪、识别特定无人机的能力，依托联合空情网和近方空情接入，建立军兵种间情报交流机制，加强协同训练；③组织火电一体模拟抗击特定无人机。在专项演练中，要将防空兵全要素、整建制融入区域联合防空作战体系，真正做到侦察预警形成空情"一张网"、指挥控制达成上下"一条线"、抗击行动做到整体"一盘棋"。

三是突出新质，研练结合。加强对无人机、电抗装备、高功率微波、激光武器等新质作战力量的研究和运用。通过演训结合，探索大中型察打一体无人机反击、反辐射无人机攻击以及中小型或多旋翼无人机/蜂群拦阻的战法，形成针对性实践成果。持续深化光电对抗、电磁干扰等课目训练，不断创新反无人机战法，提高软杀伤反无人机效果。充分挖掘微波破坏、激光烧穿、电磁摧毁等定向能武器作战潜力，实现对无人机的硬杀伤。

伊军地面防空部队的作战行动给我们在重要地区反强敌无人侦察机提供

了启示和借鉴。虽然当前俄乌冲突仍在进行，但美军在我国重点地区持续开展的电子侦察、情报搜集等军事挑衅却并未减少。面对美军愈来愈频繁的抵近侦察、战备巡航和示强慑压，我们必须精心筹划、预有准备、主动破局。

4.4 挫败"无人机群"

2018 年 1 月 5 日凌晨，俄军通过电子、雷达及光电等综合探测预警跟踪设备，发现有许多不明目标径向直扑俄驻叙利亚赫梅明空军基地和塔尔图斯海军基地。通过多元侦察设备持续跟踪观察，俄军初步掌握判明了"目标小、速度慢、散布宽"组群攻击特点，并准确获取了 13 架无人机电子信息参数。俄军通过电子战力量和防空打击力量联合对突袭无人机有效反制，成功破袭。

4.4.1 背景介绍

1. 双方企图

叙利亚反对派武装分子的企图主要体现在：①时机。拟于凌晨向赫梅明空军基地发起隐秘突袭，形成出其不意攻其不备的作战效果；②力量。采用集群无人机实施饱和自杀式攻击，重点毁伤基地军事目标；③目标。以廉价无人机作战，无人员伤亡风险，有效达到高损伤、低费效比作战。

俄驻叙利亚军事基地的企图主要体现在：①面对空袭目标，实施快速、准确侦测确定来犯突袭目标属性；②消灭敌人。主动出击，全面阻断集群目标攻击；③保存自己。积极防御，保存力量，粉碎无人机群突袭企图。

2. 作战布势

赫梅米姆空军基地位于叙利亚西北部拉塔基亚市中心以南 23km 处，海拔高度 45m 左右，塔尔图斯海军基地位于叙利亚西岸港口城市塔尔图斯，周边地势平坦。两个基地以东约 30km 处是南北走向的安萨里耶山脉，平均高度 1300m。迈斯亚夫基地位于该山脉南端，向西可通视赫梅米姆空军基地和塔尔图斯海军基地，向东可通视哈马省、伊德利卜等平原城市，具有重要战略优势。

恐怖分子放飞无人机的地点在伊德利卜省西南部的穆阿扎尔居民点，距离赫梅米姆空军基地约 50km，距离塔尔图斯海军基地约 100km，该地点与俄空、海军基地间有安萨里耶山脉相隔。

俄军在赫梅米姆空军基地部署有 S-400 防空系统和铠甲-S 弹炮系统，在塔尔图斯海军基地部署有 S-300 防空系统和铠甲-S 弹炮系统，在迈斯亚夫基地部署有 S-400 防空系统和铠甲-S 弹炮系统，从而构建了高低搭配、远近衔接的防空火力体系（如图 4-6 所示）。此外，俄军还在基地分别部署了营级规模的电子战部队，装配有克拉苏哈-4、R-330ZH、汽车场、杀虫剂-1 等先进电子战装备，能够对无人机测控链路和 GPS 导航信号进行压制干扰和控制诱

骗。(S-400 齐射 96 枚导弹，拦截 48 个目标，速度约 10 马赫)

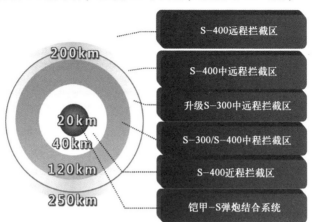

图 4-6　防空火力系统

　　袭击所用的无人机（如图 4-7 所示）是专业技术和简陋廉价实用平台的结合体。从俄方公布的照片等信息分析，无人机使用市售零件和航模机身用胶带捆绑固定，长 1.6～1.8m，翼展 2.3～2.5m，估算 RCS 不超过 0.05m²，采用前置割草机型汽油发动机，公开资料表明，其最高转速为 5400r/min，可以估算飞机速度 100～140km/h，飞行高度小于 1000m，飞行距离可达 100km（如表 4-4 所列）。飞行平台具有一定载荷能力，可直接通过市场渠道获取。据报道，其搭载的 GPS 模块采用自主预编程的航迹路线规划，能够实现较为准确的导航控制，并搭载有伺服单元、压力传感器和升降舵，可以远距离控制飞行高度和投掷爆炸装置。无人机装载了 10 枚重约 400g 自制弹药，并增加了钢柱作为预置破片，单枚杀伤距离可达 50m。

图 4-7　袭击用无人机

表 4-4　集群无人机战技性能

翼展/m	2.3~2.5
机长/m	1.6~1.8
飞行距离/km	100
速度/(km/h)	100~140
高度/m	1000
RCS/m²	小于 0.05

4.4.2　过程还原

综合多源情报分析，俄军驻叙利亚防空部队挫败"无人机群"的作战过程大致如下。

1. 先期准备

考虑恐怖分子营地与俄空、海军基地间有安萨里耶山脉相隔，无人机可利用山脉遮挡，防止俄军雷达过早发现，掩护其起飞地点。同时，恐怖分子利用居民聚集区，相对安全，具有掩护作用。基于战术设计，对无人机航路进行精心规划。

2. 分路突袭

2018 年 1 月 6 日凌晨，无人机从穆阿扎尔恐怖分子营地起飞后，10 架飞往赫梅米姆空军基地，3 架飞往塔尔图斯海军基地。

3. 侦测预警

由于飞行高度较低，且受安萨里耶山脉遮挡影响，无人机在翻越山脉以前，两个基地部署的雷达是无法发现目标的，但部署在安萨里耶山脉上的迈斯亚夫基地的 S-400 目标搜索雷达首先发现了无人机，并根据 RCS 仿真计算，该雷达对无人机目标探测距离可达 238km 左右，为后续处置提供了宝贵的预警时间。当无人机翻越安萨里耶山脉后，进入俄赫梅米姆 S-400 和塔尔图斯海军基地 S-300 目标雷达探测范围内，俄军连续跟踪掌握目标。

4. 防御破袭

目标进入距基地约 15km，俄军首先开启了电子干扰压制设备，切断了空中目标对外通信，使得无人机没有办法实施遥控机动；然后开启了 GPS 定位欺骗设备，诱骗空中目标进入指定航线（如图4-8所示）。

图4-8 电子战干扰诱骗攻击

6个空中目标"中招"，按预期进入了诱控程序，在指定地域降落，其余未受控目标仍按原计划，逐渐靠近基地。通过仿真计算，未受控目标进入距基地14km左右铠甲-S目标搜索雷达发现掌握目标，跟踪制导雷达在9.5km左右锁定无人机目标，火炮在雷达指引下，纷纷击中目标。

飞往赫梅米姆空军基地10架无人机中有5架被电子战系统控制，其中2架降落在基地外受控区域，另外3架触底爆炸。飞往塔尔图斯海军基地3架无人机中有3架被电子战系统控制，并降落在基地外受控区域。剩余5架无人机继续向赫梅米姆空军基地飞行，2架无人机继续向塔尔图斯海军基地飞行，最后由铠甲-S系统击落。此次行动首次成功破袭了小规模无人机蜂群攻击，击毁7架、诱骗6架；开启了无人机蜂群实战战法研究，启示了"低慢小"无人机反制战法；反向加速了无人机蜂群作战运用研究。

4.4.3 运用分析

此次袭击使用的13架无人机未能互联互通，形成统一整体。无人机仅利用GPS卫星导航定位系统和无线电电子指挥模块，就飞行和返回路线、飞行高度及保障物精准投掷进行了程序设定，不具备自主作战能力，因此此次袭击属于无人机机群作战样式，不同于具备互联互通、协同作战能力的无人机集群作战样式，更有别于具备高度智能化、自组织自适应协同能力的无人机蜂群作战样式。即使如此，仍对现有典型的防空系统构成了巨大威胁。

1. 反"无人机群"方法

1）预警识别是首要条件

由于无人机集群具有低慢小的目标特征，袭击突发性强，对其早期发现是关键，有效识别是难点，因此，要对其进行有效实施拦截，必须建立分布式、多层次的预警探测体系，形成对低慢小无人机的严密覆盖，并综合雷达系统、光电系统和电子侦察系统对其实施有效识别，从而达到快速发现、尽早识别的目的，为后期处置提供足够的预警反应时间。

2）网电攻击是高效手段

集群式无人机的作战能力形成高度依赖测控链路、导航系统和自主协同通信网络，因此，可使用大功率噪声干扰对其实施压制，使用信息欺骗干扰，对其实施导航诱骗和测控接管控制，使用高功率微波对其实施摧毁攻击。这种网电攻击手段作用距离远，可同时攻击多目标，重复使用，效费比高，是应对集群无人机的高效手段。特别是在城市环境中，通过网电诱骗和接管控制的处置方法，还可以有效减少次生灾害。

3）火力摧毁是重要手段

此次事件中有 7 架无人机被防空火力摧毁，说明弹炮结合系统和密集防空火炮可以对无人机集群实施拦截摧毁，但集群是小目标。规模较大时，使用防空导弹拦截要考虑效费比问题。使用传统高炮拦截，距离有限，拦截的精度也存在不足。因此，需要重点提升近程防空武器抗击低慢小目标的能力，特别是导弹微小型研发和多目标打击能力的提升，不断提升武器系统抗击无人机的效费比。

2. 成功经验

1）精心策划

恐怖分子放飞无人机的地点在伊德利卜省西南部的穆阿扎尔居民点，距赫梅米姆空军基地约 50km，距塔尔图斯海军基地约 100km，放飞点位于反对派控制的居民聚集区，相对安全，具有掩护作用，而且该地点和俄空海军基地之间只有安萨里耶山脉相隔，无人机可利用山脉遮挡防止俄军雷达过早地发现，掩护其起飞地点，说明此次袭击是经过事先精心策划的。

2）以小博大

袭击所用的无人机是专业技术和简陋廉价平台的结合体，从俄方公布的照片等信息分析，无人机是使用市零售件和航模机机身，用胶带捆绑固定，长 1.6~1.8m，翼展 2.3~2.5m，估算 RCS 不超过 0.05m²，汽油发动机，最高转速 90r/s，据此估算飞机速度 100~140km/h，飞行高度小于 1000m，飞行距离可达 100km，此无人机平台有一定的飞行和载荷能力，可通过市场渠道获取，但据俄军报道，此次空袭无人机搭载的 GPS 模块采取自主预编程航迹路线规划，可实现较为精准的导航控制，并搭载有伺服单元、压力传感器和升降舵，可远距离控制飞行高度和投掷爆炸物装置。

3）防空高效

整个作战过程中，俄军从预警发现、电磁攻击到火力摧毁处置反应时间不超过半小时，反应速度快，实战效果好，充分体现了俄军预警发现及时、电子压制灵巧、火力配置完备、指挥协同高效的整体防空作战能力。

3. 失败教训

1）无人机极其依赖 GPS 导航系统

无人机系统相比有人驾驶飞机更加依赖于 GPS 系统，需要依靠 GPS 的定位、导航和定时信息来执行多种任务。例如，"全球鹰"无人机必须依靠 GPS 的定位才能起飞；"哨兵"无人机要靠 GPS 来实现自动返回；"捕食者"无人机需要 GPS 与武器瞄准系统结合使用才能实现精确打击。而美国 GPS 系统的抗干扰能力较弱，GPS 卫星和用户设备很容易受到多种形式的威胁，这同样也是无人机所面临的威胁。当无人机失去了 GPS 所提供的定位、导航和定时信息时，也就失去了作战能力。

2）无人机过分依靠卫星通信系统

美军的无人机，包括空军的 RQ-4B "全球鹰"、海军的 RQ-4N 广域海上监视无人机、"捕食者"无人机，都要依靠卫星通信系统来实施指挥与控制以及将传感器搜集到的数据发回地面进行处理。与 GPS 一样，通信卫星也容易受到各种威胁。在高威胁复杂电磁环境中执行任务的无人机，即便是功率很小的干扰器也足以很大程度地影响到无人机接收天线的主波束，大大降低无人机、地面控制站和信息处理中心之间的卫星通信数据率。

3）无人机抗电子干扰能力差

无人机在作战使用中要依靠机载电子设备进行非实时和实时信息情报的收集，并获取和利用信息。"捕食者"无人机携带的电子设备有合成孔径雷达、光电摄像机、红外成像仪、全球卫星定位系统和惯性复合导航系统等，其电子系统受到强烈电子干扰后也会失灵。为此，实施电子干扰将使无人机在复杂环境下的使用受到很大限制，其机载探测设备及数据传输与处理也会受到影响，甚至失灵。

4）无人机不易识别伪装欺骗

目前，无人机主要用于在中等威胁环境下执行大范围的连续监视、侦察任务，获取有价值的战略战术情报。虽然其机载设备先进，能实时获取高质量的目标图像信息，但也难以透过严密的伪装识别真假目标。为此，当敌方充分利用先进的伪装技术，在无人机可能实施侦察的方向上，对作战指挥机构、通信枢纽、重要机场等目标实施严密伪装，力求达到隐形化时，无人机侦察、探测的难度无疑会大大增加，从而延长了其滞空时间，为火力打击创造了条件。当广泛使用伪装器材以及模拟技术器材时，无人机机载红外侦察、雷达侦察和各种光学电子侦察器材就容易被欺骗。同时敌方会严格封锁战场信息，综合运用隐身、示（仿）形、伴动、电磁、制造假情报等各种伪装方法，造成真中有假、假中有真，欺骗、迷惑无人机，以隐蔽作战行动企图，待将其引向假目标后，实施打击。

4.4.4 作战启示

鉴于集群式无人机的低红外、低成本和高抗毁性等特点，使用地空导弹、空空导弹等高价值武器无异于大材小用，容易丢失目标且经济成本太大；使用高炮和便携式导弹尽管对单个近距离、低空、慢速目标拦截效果较好，但也不适合分布式作战的无人机集群。因此，干扰和打击方法必须具备低成本、大覆盖、高效能等优势。

1. 实施多途径电子干扰，全面抑制无人机集群的作战威力

无人机本身体积小、容量有限、抗干扰功能相对缺乏，其导航系统、电子侦察系统、通信系统和组网协同系统在受到强烈电磁干扰时很可能会部分失灵甚至彻底失效。定位、导航系统是无人机按预定路线飞行的保证。一般地，无人机在飞行时须依赖全球定位系统（GPS）和捷联惯性导航系统（SINS）实施定位和导航，但 GPS 存在着信号强度弱、接收机响应能力不强等缺点。若 GPS 信号接收机被干扰，无人机只能依赖 SINS 导航，而 SINS 的累积误差往往会随着航程增加而迅速扩大，导致定位精度下降，甚至会使无人机偏离预定航线。

无人机携带的任务载荷多为光电传感器和轻型合成孔径雷达。对光电传感器的干扰手段包括制导欺骗式干扰、测距欺骗干扰、致盲压制式干扰以及烟雾干扰等；对合成孔径雷达的干扰手段包括瞄准式噪声干扰和欺骗式干扰等。

无人机集群同后方控制平台的通信通常有无人机与平台距离在视距之内的视距通信和在视距外的卫星中继通信两种方式。对于视距通信，可以使用多目标干扰、频率跟踪式干扰和全频段拦阻式干扰；对于卫星中继通信，只要破坏无人机发射端—上行链路—卫星转发器—下行链路—平台接收端的任一环节即可。

无人机集群间通过一种子网络语言相互沟通、协调行动。通过发射合适的干扰信号可以扰乱这种内部通信，使其自乱阵脚，集群中的个体只能各自为战，集群战就退化为混战，作战效能也将大大折损。这种干扰甚至能在集群内部引起大规模碰撞毁伤等连锁反应，最终彻底摧毁整个集群。

2. 利用定向能武器，实施瞬时高能打击

一是激光武器。激光武器利用激光固有的单色性、方向性和高能量密度等特点，具有直线攻击、瞬时打击、抗干扰能力强、作战效费比高等优势。高能激光照射到无人机上可以使机体升温、熔化或汽化，破坏机械结构或电子元件，从而毁伤无人机。2015 年 8 月，波音公司在"黑色标枪"（BlackDart）反无人机演习中，演示了"紧凑型激光武器系统"的反无人机能力。该系统可通过中波红外传感器在 40km 的范围内识别、追踪地面和空中目标，激光波束可在 37km 范围内聚焦。尽管如此，激光武器打击无人机集群还需克服很多困难：①激光能量转化效率低、光束功率密度小，未能实现"即打即毁"杀伤能力；②激光在大气传输中衰减较强，受天气影响较大，不具备全天候作战能力；③目前激光武器的体积和重量大，机动性不强，难以跟得上灵活机动的机群；④激光武器的波束太窄，一次只能攻击一个无人机目标。

二是高功率微波武器。高功率微波武器是一种具备软、硬多种杀伤效应的定向能武器，它可发射峰值功率在 100MW 以上、频率在 $1\sim300GHz$ 之间的电磁脉冲，通过天线进入目标系统内部击穿和烧毁电子元器件，从而毁伤目标。与激光武器相比，微波武器的作用距离更远，受气候影响更小，攻击时只需确定大概指向，不必精确瞄准，易于火力控制。微波武器辐射出的大功率宽角度（多呈扇形或圆锥形）电磁波脉冲有大面积杀伤能力，可以充当盾牌防御整个集群。另外，由于发射波束具备一定的方向性，可避免对己方电子设备造成毁伤。

3. 发展"幕"型拦截武器，提升无人机捕杀效能

"幕"型武器发射之后在较大空间分散成幕状结构组织，可由地基或空基平台发射，是拦截和毁伤高密度、轻质量无人机集群的高性价比武器。

4. 依托制空优势，有人战机空中摧毁无人机集群

尽管近年来无人机技术取得了长足进步，无人机装备也从单纯的监视侦察发展到携带"地狱火"导弹执行地面攻击，甚至诞生了可执行多种任务的无人作战飞机，但制空能力弱还是所有无人机的通病。凭借高机动性和灵活性，有人战斗机可利用机炮等机载武器肆意猎杀无人机集群。此外，有人战机还可以利用机上电子对抗设备对无人机集群进行干扰，用"幕"型武器取代空空导弹来提高拦截概率和效费比。

5. 以雷达诱饵实施诱骗，抵消无人机集群威胁

由于无人机集群的打击对象主要是以雷达为主的一体化防空系统，因此可采用雷达诱饵抵消威胁。雷达诱饵主要有制式干扰诱饵、废旧雷达诱饵以及同频接力诱饵三种。制式诱饵是指在雷达附近分置一个或多个与雷达发射信号特性相同的制式干扰源，当无人集群来袭时，雷达指挥控制中心可统一控制，利用闪烁、两点源相参干扰诱骗和多点源非相参干扰诱骗等方式，使集群无法精确跟踪雷达信号；利用废旧雷达诱饵，是指使用置于假阵地的废旧雷达模拟作战雷达的电磁辐射特征，用假信号引诱敌无人机集群偏离正确目标；同频接力诱饵即利用多部雷达接力交替工作，使集群难以持续跟踪某一部确定雷达，从而抵消其探测、干扰和打击能力。

4.5　油溅"死神"

2023 年 3 月，正值俄乌冲突进入持续拉锯阶段，美军 MQ-9"死神"无人机在黑海上空贴近克里米亚半岛侦察巡逻飞行时，遭到了俄国空天军苏-27 战斗机的拦截，近距离喷洒燃油阻止其飞行，受损的"死神"无人机失去控制，很快坠入黑海。这次精准、迅速的有效操作，"间接"成功地致使美军高价值"死神"无人机葬身黑海。

4.5.1　背景介绍

1. 战前形势

虽然黑海是近乎封闭的陆间海，但其面积达到 430000km^2，沿岸各国在划定领海后仍有相当大的海域属于国际水域，从法理上讲美军飞机享有在国际水域上空飞行的自由。黑海沿岸的土耳其、罗马尼亚、保加利亚都是北约成员国，可以对美军飞机开放领空，而乌克兰更不会对美军飞机过境表示异议。所以，美军飞机进入黑海完全是畅通无阻的。早在 2021 年 2 月，美国空军第 15 攻击机大队就进驻罗马尼亚中部肯皮亚图尔济的 71 号空军基地展开系列侦察行动。

俄乌冲突爆发后，以美国为首的西方国家利用黑海部分领海通行自由且中央存在国际海域的特点，派出预警机、侦察机、电子战飞机频繁进出黑海上空，对俄军行动进行侦察监视，为乌军提供战场情报信息，使俄军相当被动且蒙受重大损失。比如，2022 年 4 月俄黑海舰队旗舰"莫斯科"号的沉没，就有报道称是西方国家向乌军提供了该舰的航线和位置信息。此外，在蛇岛之战和塞瓦斯托波尔袭击事件中也都不乏美军无人机的身影。

2. 作战力量

美军此次出动的 MQ-9"死神"无人机（如图 4-9 所示）是增程型，具有四片螺旋桨叶，有效提高了飞行时的空气密度，增加了飞行升力后有效降低油耗。动力系统为一台 TPE-331 涡轮螺旋桨发动机，功率可达 900W，具备了 3500km 的作战半径（根据挂载量多少），最高速度 480km/h，巡航速度 313km/h。配备多种高技术侦测设备，可以监控 100km^2 的区域，以每秒 12 帧的速度拍摄超高像素影像，并且它还有武器挂载能力，在机翼下的六处外挂点上可携带 1700kg 的任务载荷，最重的是 500lb 的 GBU-12 型激光制导航弹或者 230kg 的 JADM 卫星制导弹药，使无人机具备了攻击较大面积坚硬目标的能力，可执行定点清除任务。如 2.1 节所述，猎杀伊朗圣城旅指挥官苏莱曼尼的就是这款"死神"无人机。

图 4-9 "死神"无人机

俄军此次出动的苏-27 战斗机（如图 4-10 所示），属于第三代战斗机，正常载油量 5270kg，最大载油量 9400kg，高空最大速度 2500km/h，巡航最大升限 18500m，作战半径 1500km，迎头最大发现距离 80～100km，尾后发现距离 0～40km，可同时跟踪 10 个目标，并能对其中 2 个目标同时实施导弹攻击。

图 4-10　苏-27 战斗机

4.5.2　过程还原

1. 边界侦察

2023 年 3 月 14 日上午，一架美军 MQ-9 "死神" 无人机从罗马尼亚中部肯皮亚图尔济的 71 号空军基地起飞，由美国空军第 15 攻击机大队负责操控，飞抵克里米亚半岛地区黑海海域上空进行抵近侦察。当时该无人机距离克里米亚 60km，一直在克里米亚西南空域 25000 英尺的高度保持飞行，正擦着边走，还没进入俄罗斯领空。

2. 迅起直追

美军在俄乌冲突期间，长期利用无人机逼近俄罗斯领空侦查监视，为乌克兰提供大量情报。此次 "死神" 无人机侦察的克里米亚半岛是双方均非常在意的军事重地，因此在发现 "死神" 无人机的行踪后，由于机上应答器处于关闭状态，为了对这个入侵飞行器进行识别，俄国空天军迅速派出两架苏-27 战斗机对 "死神" 无人机进行查证拦截。

3. 折戟黑海

接下来的 30 分钟内，两架俄军战斗机对无人机进行了 19 次近距离飞行，并在最后三四次接触中，其中一架俄军战机向 "死神" 无人机喷洒航空燃油（如图 4-11 所示），无人机在信号轻微丢失后，很快就恢复到正常状态。随后苏-27 战斗机第二次对 "死神" 无人机进行洒油，高速喷射到了无人机的旋翼上，无人机机身完全被航空燃料包裹，彻底失去了视野，该无人机进行了急剧制动。无人机因失高导致飞行失控，进而发动机失灵停车。"死神" 无人机再次出现时，其桨叶也出现了弯曲，很可能遭到俄军战机的撞击，有报道称，坠毁的美军无人机残骸在距离俄军塞瓦斯托波尔港口外 60km 的海底被发现，深度在 850~900m。

图 4-11　苏-27 战斗机向无人机喷洒燃料的示意图

4.5.3　运用分析

1. 俄军成功经验

1）丰富的作战经验

苏-27 战机拦截美军飞机并非首次，此前也出现过苏-27 在黑海近距离拦截美军飞机，引发美军"抗议"的先例。此外，冷战时期，美国曾派战舰到巴伦支海等敏感海域"自由航行"，结果就曾发生苏-27 飞行员驾驶战机俯冲，将 2 吨航空燃油倒在美舰甲板上，给美军士兵"洗澡"的情形。俄罗斯此次突然出手拦截美军无人机，带有鲜明的警告色彩，不仅表达了对西方长期侦察监视行动以及大力援助乌克兰的极度不满，也是对美国介入俄乌冲突的程度进行试探。此次事件也使传统战斗机近距离拦截无人机的情景在全球范围内变得常见，不论是空中喷油、照明弹干扰，还是直接撞击无人机，都成为了俄罗斯空军的标准拦截策略。

2）合理的战术安排

俄军的苏-27 没有选择把美国的"死神"无人机直接击落，而采取"放油"的战术策略，与击落无人机相比，显然"放油"战术要容易得多。这架黑海上空的无人机还距离克里米亚 60km，并没有进入俄罗斯领空，美俄名义上并未开战，如果贸然击落，动静太大，影响不可控。他们选择使用战斗机进行近距离拦截，并通过放油溅击的方式，来阻挠对手的无人机。这种方法虽然看起来很原始，甚至有些粗暴，但却是最直接，也是最有效的解决方法。航空燃油的液体渗透性很强，渗到机体里面后，会造成电路板故障，同时洗掉关键部位的润滑油，很容易导致机械事故，更何况是空中正在执行任务的无人机。尽管传统战斗机拦截无人机的成本可能较高，但这种方法在阻止对手侦察和保护本国领空方面效果显著。这场看似简单的"拦截游戏"背后，其实是一场复杂且巧妙的战术对决。

3）巧妙的人机结合

苏-27是一款大航程的重型机，机身前中后具有3个空间很大的内油箱（如图4-12所示），即使排放一两吨油，都不受影响。这两款战机就性能而言，"死神"无人机是一款察打一体无人机，主要功能是空中的长时间滞留、侦察和对地面的打击；苏-27战斗机本身就是为了空战而诞生的，在敏捷性和机动性上都不是"死神"无人机可以比拟的。对敌放油这个操作，看似简单粗暴，实际上也包含有技术含量。除了被"喷"的无人机，放油的飞机同样危险，一旦有明火出现（比如一颗红外干扰弹），就很容易被引爆。所以，放油战机本身需要先降速，"喷"完后再马上加速跑掉，这就对战机机动性的要求很高。而苏-27战机是非常灵活的重型机，属于典型的俄式战机，个头威武雄壮，机头下压，带着两个大垂尾。也正是苏-27装得多、跑得快的优势，再加上素来以胆大、技术过硬著称的俄军飞行员，共同成就了此次成功案例。

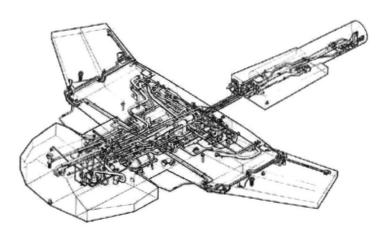

图 4-12　苏-27 战斗机的油箱

2. 美军失利原因

1）过于自信，酿成败果

过于自信，酿成败果。美军在欧洲常态化驻扎了两个中队，装备了大型长航时察打一体 MQ-9 "死神"无人机，主要执行情报监视、对地打击支援任务等。俄乌冲突爆发以来，美军多次利用这款长航时无人机监视黑海方向的俄军态势，较长时间内相安无事，给美军造成错觉，尤其是在事件发生的国际水域上空侦察，美军料想俄军不会轻易出动，制造摩擦。但实际上，黑海这个敏感区域毗邻克里米亚，美军在其上空肆意侦察必然会对俄军作战部署造成严重影响，也因此俄军主动出击使美军猝不及防。

2）操控盲目，应对不足

相较于俄军战斗机飞行员第一视角娴熟的战术操控，美军无人机飞行员的有限远程应急操控能力，则是事件失利的又一原因。在与有人机的多次交锋中，美军无人机操作员面对复杂情况的心理素质欠缺，虽然远离第一现场，但没有采取有效的规避措施，及时摆脱困境，从而被有人机多次占得先机。美军无人机操控员，想尽快摆脱俄罗斯苏-27战机，结果操控动作过猛造成坠毁。这次事件严重影响美军无人侦察机抵近侦察的战术安排。据报道，北约最高军事指挥官卡沃利取消了原定于3月15日由MQ-9"死神"无人机执行的多次任务。

4.5.4　作战启示

1. 提高预警探测是反无人机作战的基本前提

对无人机的侦察预警和探测跟踪是抗击无人机的关键。本战例中，俄军正是及时发现抵近侦察的"死神"无人机，才为后续反击提供时空窗口。我们应探索建立联合空情预警模式和多源情报融合机制，形成远、中、近和高、中、低多层立体预警体系，力争实现能探测、早发现、快引导。一是空中探测网。将空中预警机、无人侦察机、高空飞艇等空中预警平台进行组网，实现精准的低空探测，尽早发现，尽远抗击。二是地面雷达网。将预警雷达、监视雷达、补盲雷达等多种雷达进行"远、中、近"分布式组网部署来提高预警和自卫能力。三是对空观察哨网。针对战术无人侦察机低空飞行的特点，派出远、近方观察哨，在敌军来袭方向上的战役前沿地带，以制高点、山谷为依托，靠前设置观察哨，扩大预警范围，延长预警时间。

2. 丰富多元手段是反无人机作战的有效途径

传统反无人机"软杀伤"手段侧重在电子对抗，硬摧毁方式侧重在火力武器打击拦截，实际上"放油""水炮"反击等作战手段也具有较好的应用效果，成本低、灵活性好。无人机作为高新技术电子装备，必须依靠各类机载电子设备来实现自身定位、情报侦察和命令收发，其精密的元器件难以抵挡水火侵袭，抗扰能力相对较弱，这就为反无人机作战提供了更加多元化的作战手段，提高反无人机作战效率。

3. 探索高效战术战法是反无人机的关键环节

依托现有防空体系，探索高效战术战法仍是目前反无人机作战的最好手段。一是梯次配置，立体拦阻。整体部署上，根据无人机空袭的灵活性、突然性强的特点和装备的性能，将兵力、兵器尽量向前推进，扩大防空范围，确保能够尽远发现、尽早处置，形成立体、多维、高效的反无人机作战体系；二是放宽权限，快速处置。对于无人机突然入侵，人工研判、逐级指挥的方式已跟不上战场节奏，作战指挥应向半自主、扁平化方向转变，充分利用现有的辅助决策系统，区分不同目标威胁等级，预设处置权限，使反无人机单位具备一定的自主处置权限，提高作战效率。

复习思考题

1. 简述反无人机作战的必要性。
2. 反无人机作战难在何处？
3. "全球鹰"无人机暴露的弱点有哪些？
4. 从反无人机作战战例中总结反无人机作战方法手段有哪些？
5. 反无人机作战主要模式有哪些？
6. 简述反无人机作战应遵循的基本原则。
7. 分析比较反无人机作战软杀伤与硬摧毁的优劣。
8. 反无人机作战的要点有哪些？
9. 为什么俄军的苏-27没有选择把美国的"死神"无人机直接击落？

参 考 文 献

[1] 魏瑞轩,李学仁,等.先进无人机系统与作战运用 [M].北京:国防工业出版社,2017.

[2] 王进国,等.无人机系统作战运用 [M].北京:航空工业出版社,2020.

[3] 魏瑞轩,李学仁.无人机系统及作战使用 [M].北京:国防工业出版社,2009.

[4] 林聪榕,张玉强.智能化无人作战系统 [M].长沙:国防科技大学出版社,2008.

[5] 郑金华.无人机战术运用初探 [M].北京:军事谊文出版社,2006.

[6] 郭胜伟.无人化战争 [M].北京:国防大学出版社,2011.

[7] 魏瑞轩,李学仁.先进无人机系统与作战运用 [M].北京:国防工业出版社,2014.

[8] 比尔·耶讷.无人机改变现代战争 [M].丁文锐,刘春辉,李红光,译.北京:海洋出版社,2016.

[9] 牛轶峰,沈林成,戴斌,等.无人作战系统发展 [J].国防科技,2009,30(5):1-11.

[10] 工正平,侣军胜,李力,等.空中"哨兵":美国 RQ-170 隐身无人侦察机性能剖析 [J].兵工科技,2012,5(2):20-23.

[11] 刘大臣,贺晨光,王万金.无人机的应用与发展趋势探讨 [J].航天电子对抗,2013,29(4):15-17.

[12] 李屹东,李悦霖.察打一体无人机的特点和发展 [J].国际航空,2014,22(9):24-27.

[13] 慕小明."集群作战"开启无人机运用新纪元 [J].国防参考,2017,4(1-2):67-69.

[14] 钟赟,张杰勇,邓长来.有人/无人机协同作战问题 [J].指挥信息系统与技术,2017,8(4):19-25.

[15] 赵先刚.无人机作战模式及其应用 [J].国防大学学报,2017,61(1):45-48.

[16] 王丽,王正杰.发现和打击无人机的有效方法 [J].外国空军训练,2016,14(6):42-43.

[17] 保罗·沙瑞尔.无人军队:自主武器与未来战争 [M].朱启超,王姝,龙坤,译.北京:世界知识出版社,2019.

[18] 朱星名,黄河,刘一利.战场新锐无人机 [M].北京:新华出版社,2015.

[19] 陈贵春,阎增富,何月生,等.军用无人机 [M].北京:解放军出版社,2008.

[20] The US Army Eyes of the Army US. Army Unmanned Aircraft Systems Roadmap 2010—2035 [R]. 2010.

［21］ Xiao T J, Xiang K W, Yi F N, et al. Cooperative Search by Multiple Unmanned Aerial Vehicles in a Nonconvex Environment ［J］. Mathematical Problems in Engineering, 2015：1-19.

［22］ 霍忠锋, 顾云甫, 徐炯. 战场无人机 ［M］. 北京：海潮出版社, 2011.

［23］《国外无人机系统装备系列丛书》编委会. 全球鹰高空长航时无人侦察机系统 ［M］. 北京：航空工业出版社, 2010.

［24］ 沈文亮, 张卓鸿. 无人机在电子对抗中应用研究 ［J］. 舰船电子对抗, 2013, 36（6）：14-18.

［25］ 钱立志, 等. 无人机作战运用 ［M］. 北京：解放军出版社, 2003.

［26］ 马克·马泽蒂. 美利坚刀锋：首度揭开无人机与世界尽头的战争 ［M］. 王祖宁, 王凌凌, 美同, 译. 北京：新世界出版社, 2014.

［27］ 庞宏亮. 智能化战争 ［M］. 上海：上海社会科学院出版社, 2018.

［28］ United States Air Force. Autonomous Horizons-System Autonomy in the Air Force-A Path to the Future ［R］. 2015.

［29］ 王玉杰, 等. 自杀式无人机系统与作战运用现状 ［J］. 国防科技, 2023, 44（2）：90-98.